U0278382

芝宝贝 zhibaby

始于2006年 ®

成长·爱人·生活
www.zhibaby.com

增强版

婴儿全程
辅食添加 方案

中日友好医院儿科主任

周忠蜀 著

中国人口出版社
China Population Publishing House
全国百佳出版单位

写在前面的话

　　宝宝从出生一直到1周岁，处于第一个生长发育高峰期。在这一阶段，宝宝需要有足够的营养来支持身体各器官的生长发育。要保证宝宝的发育，首先就要搞定宝宝的吃饭问题。

　　"母乳喂养的营养够不够？""我的宝宝什么时候开始添加辅食？""首先应该吃什么？一顿吃多少？""宝宝过敏了怎么办？怎么预防宝宝过敏？"这些问题都是妈妈们常常思考的。辅食添加的过程中有太多的疑问围绕着妈妈们，辅食添加不仅是简单地教妈妈做菜，更需要对她们的困惑做出解答。

　　《婴儿全程辅食添加方案》自2011年出版以来，受到了众多读者的好评，是妈妈们十分喜爱的喂养指导书。2016年，《增强版婴儿全程辅食添加方案》全新起航，收集了千万名读者的意见，解答妈妈们最想知道的辅食添加问题，给宝宝最好的第一口。

　　除了保留原版《婴儿全程辅食添加方案》的辅食添加知识之外，新书中对读者提出的问题进行了更加详细的解答。此外还新增至128道宝宝营养配餐，为宝宝挑选每个月适合食用的美味营养配餐，并且每一道辅食都详尽介绍了食材用量、制作方法、营养功效、烹饪时间以及制作难度，让妈妈们可以根据自己的需求轻松选择。

　　科学喂养宝宝是每一个妈妈的心愿，《增强版婴儿全程辅食添加方案》将作为妈妈们的好帮手，助力宝宝顺利添加辅食，让宝宝健康成长。

CONTENTS

 宝宝到了该添加辅食的时候了，辅食添加对宝宝有什么影响呢？

> 辅食是宝宝从母乳喂养过渡到成人饮食这一阶段所添加的食品，这个阶段会从宝宝出生四五个月一直持续到宝宝一周岁左右，正是宝宝的大脑、肢体、感官等各个方面迅速成长的时期，做好辅食添加工作，能为宝宝的健康成长打下良好的基础。

宝宝到了添加辅食的时候了，爸爸妈妈都做好准备工作了吗 / 9

Q 我家宝宝现在5个月了，一直是吃我的奶长大的，参考生长发育曲线都是很正常的，我需要给宝宝添加辅食吗？

> 关于辅食的添加现在很多爸爸妈妈都存在这样那样的误区，有的人认为到了4个月不添加就会严重影响营养的摄入；有的人认为一定要给宝宝买最贵的辅食，认为那才是最好的；还有的人认为宝宝不喜欢吃辅食是因为味道做得不好，于是增加了很了调味品。其实这些都是不正确的。所有的爸爸妈妈都应该掌握关于添加辅食的原则和具体操作方法，只有这样才会让宝宝更加健康。

PART 1

1~3 个月 补充一点鱼肝油吧

 Q 宝宝每个月甚至每天都有不同的变化,那么我该怎么帮助宝宝在不同的成长阶段添加辅食呢?

这个问题正是我们这一部分要回答的,宝宝每个月都会发生让妈妈始料不及的变化,这是宝宝成长的过程,既离不开爸爸妈妈的精心呵护,也离不开宝宝每日所摄取的营养。所以,爸爸妈妈们在给宝宝准备辅食的时候,要根据宝宝的生长发育特点添加辅食。希望这一部分的讲述能够对你有所帮助。

PART 2

4~6个月 给宝宝最好的"第一口"

Q 我家宝宝是母乳喂养的，现在4个月啦，需不需要添加辅食呢？

母乳喂养的宝宝一般是在6个月的时候才开始正式添加辅食。但是如果母乳不充足，可以适当给宝宝添加一些米粉或米糊。要遵循由稀到稠，由少到多的规律。除了纯母乳喂养的宝宝在6个月以后添加辅食之外，混合喂养和配方奶粉喂养的宝宝都可以再4个月就开始添加辅食的。

PART 3

7个月了

吃点五谷身体更强壮

Q 我家宝宝7个月了，之前吃辅食吃的好好的，最近吃辅食不老实，吃吃吐吐的，这是怎么回事呢？

宝宝吃辅食不老实，很可能是要长乳牙了，因为宝宝还小，牙龈比较脆弱，可以给宝宝吃手指饼干，代替磨牙棒，缓解宝宝长牙的不适症状。除了长牙，还可能是宝宝逐渐长大，有了自己的主见，喜欢吃什么，不喜欢吃什么有了自己的判断，妈妈可以做多一些辅食，让宝宝挑选。

7个月

PART 4

8个月了

爬得好累啊，加点儿能量吧

Q 打算给宝宝断奶了，又怕宝宝一时接受不了怎么办？

可以说，在某种程度上，给宝宝断奶是从宝宝第一次吃辅食的时候就已经开始了。在宝宝逐步适应了辅食之后，妈妈要逐渐减少母乳的喂养次数和数量，当宝宝吃的辅食完全可以满足营养需求的时候，断奶是完全可以的。但是不要在宝宝生病的时候或者夏天的时候断奶。

PART 5

9个月 别让宝宝的乳牙成为摆设
吃一点粗纤维食物吧

Q 想给宝宝吃一点粗纤维食物，又怕宝宝肠胃娇弱受不了，那到底什么时候可以给宝宝吃粗纤维食物呢？

宝宝9个月已经长牙了，有足够的咀嚼能力，而且，在日常吃辅食的过程中，已经慢慢接触了粗纤维食物，比如，各类蔬菜。所以，给宝宝添加粗纤维食物，不用太刻意，要注意宝宝食用后有无不良反应，有的话要立刻停止，过一段时间后再次尝试。

PART 6

10个月 "小大人"的宝宝
要自己动手吃饭了

Q 宝宝10个月啦，最近吃辅食总是不安稳，老想自己动手去拿食物，不给的话还会哭闹，这是为什么呢？

宝宝这个阶段已经有自主意识，想自己用手去接触食物，也是亲近食物的一种表现。妈妈可以在宝宝吃饭前，给宝宝做好清洁工作，然后把食物晾凉，让宝宝尝试自己动手吃饭。

典型食谱

PART 7

11个月 宝宝长得太快了 需要更多的能量

Q 宝宝11个月了，开始吃辅食也有半年了，是不是就可以不用特意给宝宝制作辅食，让宝宝跟着大人一起吃饭了？

虽然11个月的宝宝已经逐步完成了各类辅食的尝试，但是不管是乳牙还是肠胃，并没有完全适应所有的食物，尤其是混搭的食物，不注意的话会给宝宝带来不适症状。所以，宝宝11个月的时候，妈妈还是要注意宝宝的饮食，餐数可以逐渐减少，逐步过渡到跟大人饮食时间一致，但是不要求快。

PART 8

1周岁了 辅食都快成主食啦

宝宝一周岁，基本上所有大人能吃的食物宝宝都尝试过，那饮食上还需要注意哪些问题？

一周岁的宝宝饮食上要特别注意营养均衡。宝宝有了自己的喜好，对于自己不喜欢吃的食物往往会拒绝食用或者食用量较少，长此以往，宝宝的营养就会失衡。所以妈妈在给宝宝制作辅食的时候一定要多花心思，把宝宝不喜欢吃的食物换一些制作方式，让宝宝营养均衡，健康成长。

选好营养素 给宝宝更健康的身体

Q 我发现我的宝宝添加了辅食之后会偏食，偏甜的喜欢吃，其他的都不感兴趣，我该怎么办？

　　每个宝宝都有自己的喜好，对宝宝来说，甜食吃多了对口腔的发育有不益的一面。而且偏食会产生营养不均衡，因此，家长应该了解宝宝对各种营养素的需求，有的放矢地给宝宝添加，这一章我们主要讲均衡身体健康发育的各种营养素。

PART 10

给宝宝添加辅食 遇到了难题吗 答案都在这里

Q 在给宝宝添加辅食的过程中，总会遇到各种各样的问题，而一些常见问题也让我非常疑惑，这能解决一下吗？

在添加辅食过程中遇到一些问题是正常的，宝妈不要怕。本部分就汇总了宝宝添加辅食过程中非常容易让妈妈迷惑的问题，我们一起来看一下吧。

和周忠蜀医生谈辅食

宝宝到了该添加辅食的时候了，辅食添加对宝宝有什么影响呢？

A 辅食是宝宝从母乳喂养过渡到成人饮食这一阶段所添加的食品，这个阶段会从宝宝出生四五个月一直持续到宝宝一周岁左右，正是宝宝的大脑、肢体、感官等各个方面迅速成长的时期，做好辅食添加工作，能为宝宝的健康成长打下良好的基础。

基本篇 婴儿辅食食材参考计量表

不同月份的宝宝适合添加什么食材

1~3个月	鱼肝油								
4个月	米	土豆	黄瓜	地瓜	番茄	南瓜	鸡蛋		
5个月	萝卜	西蓝花	苹果	香蕉	梨	桃	西瓜		
6个月	高粱米	乌冬面	胡萝卜	菠菜	白菜	莴苣	鸡胸肉	黑豆	紫菜	豌豆
7个月	黑米	小米	大麦	玉米	洋葱	山楂	鳕鱼	海带	蛋黄	豆腐
8个月	酸奶	番茄	牛肉	猪肉	龙须面	核桃	黄豆	哈密瓜	猕猴桃	芒果
9个月	绿豆	豆芽	白鲢	牡蛎	扇贝	海鲜虾	红薯	芝麻	松仁	葡萄
10个月	麦粉	花菜	柿子	鹌鹑蛋	平菇	丝瓜	动物肝	花生	莲藕	山药
11个月	蛤蜊	海带	黑木耳	虾仁	红豆	水粉条	芥菜	蕨菜	红枣	面包
12个月	荞麦	韭菜	茄子	竹笋	橘子	柠檬	草莓	蟹	干贝	鸡蛋

婴儿辅食常见的食材的单位换算

	米粉	婴儿勺 1 勺约 1 克
	苹果	成人大拇指大小，约 20 克
	香蕉	1 根中等香蕉的 1/5，约 20 克
	菠菜	1 棵约 10 克
	韭菜	10 棵约 15 克
	红薯	成人食指大小，约 30 克
	蛋黄	1 个鸡蛋黄约 15 克
	豆腐	成人拇指大小，约 30 克
	番茄	小个番茄 1 个约 50 克
	面条	婴儿 面条 1/10 把，约 10 克
	扇贝	1 个约 50 克
	虾	1 只约 50 克
	鸡肉	成人食指大小，约 50 克
	排骨	成人食指大小，约 80 克
	馒头片	成人中指大小，约 20 克

不同月龄的宝宝每一顿适合吃的量

1~3 个月	20~30 克
4~5 个月	20~30 克
6~7 个月	50~80 克
8~9 个月	100~150 克
10~12 个月	150~200 克

您有一条芝宝贝来信:

　　计量表是根据宝宝常见辅食食材整理，未出现在计量表中食材，可参照计量表中相似食材计量。

宝宝辅食常见的食材搭配

小米	红薯
	南瓜
	扇贝
	蛋黄
牛奶	香蕉糊
	玉米粉
	三文鱼

豆腐	鸡蛋
	胡萝卜
	荷兰豆
	牛肉
	鱼肉
燕麦	南瓜
	牛奶
	苹果
肉末	胡萝卜
	米糊
	番茄
	面条
	白菜
鱼肉	米糊
	白菜
	面条
	番茄
	土豆
	胡萝卜
	鸡蛋

吃好辅食，
让宝宝受益一生

妈妈辛辛苦苦怀胎十月，终于迎来了生命中的小天使。看着小宝宝那纯真可爱的脸庞，想必妈妈觉得再辛苦也是值得的。随着宝宝逐渐长大，单纯的让宝宝吃母乳，或者是喝配方奶粉，已经不能满足宝宝的营养需求了。这个时候，妈妈们就要考虑给宝宝添加辅食了。

或许很多妈妈知道添加辅食能够给宝宝及时补充营养，但是不知道吃好辅食足以影响宝宝的一生。

早期营养对宝宝的智力、行为、健康都有持久的影响，特别是在宝宝出生后一年内，如果营养补充不及时将会严重影响大脑发育，造成神经发育迟滞。其实，现在很多代谢性疾病的诱因可以追溯到宝宝婴幼儿时期，例如，糖尿病、高血压等常见疾病都和宝宝的早期营养

充足与否有关联。另一方面，辅食是宝宝从单纯的母乳喂养或配方奶粉喂养逐步过渡到成人饮食的这一阶段内所添加的食品，这个阶段会从宝宝出生四五个月一直持续到宝宝一周岁左右，而这个时期正是宝宝的大脑、肢体、感官等各个方面迅速成长的时期。正确地添加辅食，除了能训练宝宝的咀嚼、吞咽能力，满足宝宝对热量和各种营养素的需求之外，还会给宝宝未来的成长发育、智力水平等带来诸多影响。

▶ 锻炼咀嚼、吞咽能力，为独立吃饭做准备

辅食一般为半流质或固态食物，宝宝在吃的过程中能锻炼咀嚼、吞咽能力。宝宝的饮食逐渐从单一的奶类过渡到多样化的饮食，可为断奶做好准备。

▶ 有利于宝宝的语言发展

宝宝在咀嚼、吞咽辅食的同时，还能充分锻炼口周、舌部小肌肉。宝宝有足够的力量自如运用口周肌肉和舌头，对其今后准确地模仿发音，发展语言能力有着重要意义。

▶ 帮助宝宝养成良好的生活习惯

从 4 个月起，宝宝逐渐形成固定的饮食、睡眠等各种生活习惯。因此，在这一阶段及时科学地添加辅食，有利于宝宝建立良好的生活习惯，使宝宝终身受益。

减少消化道疾病，从吃辅食开始

在给宝宝添加辅食的过程中，宝宝会接触到不同形状质地的食物，而通过对食物的软硬度、口味轻重的判断，宝宝自身也会调整消化系统，使之适应食物改变。如果这个阶段宝宝能很好地适应各种食物的话，将对宝宝长大后对食物的适应力有极大的帮助。

对食物的适应力大小对宝宝的肠胃健康有重要影响。如果宝宝对食物的适应能力过弱，可能会导致各种消化道疾病，如食欲减退、腹泻、呕吐、肠胃炎等。

所以，一定要在添加辅食的时候，注意宝宝的消化能力，添加新辅食要循序渐进，为宝宝保护好肠胃，能有效预防消化道疾病的发生。

添加辅食，启迪智力

添加辅食，除了能锻炼宝宝的身体协调性和适应能力等，爸爸妈妈们一定不知道，辅食也能达到启迪宝宝智力的作用吧。

宝宝在添加辅食的过程中，会协调地利用眼、耳、鼻、舌、身的视、听、嗅、味、触等感觉，并给予宝宝多种刺激，这种刺激到达宝宝的大脑皮层，将会有启迪智力的效果。

其实，爸爸妈妈们总是希望自己的宝宝学习好、功课好、记忆力好。总之，就是希望自己的宝宝足够聪明。科学合理地添加辅食，让宝宝拥有健康的体魄，聪明的大脑，是完全可以的哦。

别因为辅食让宝宝输在起跑线上

我们都知道，西方人体格相比东方人更加健壮。除了地域基因上的差别，这也跟辅食添加有关系。

有关研究发现，中国宝宝出生后前4个月的体重增大曲线与西方发达国家的很接近，但在4~5个月以后，生长曲线变平，而西方国家的则仍能保持原来的上升趋势。这到底是为什么呢？其中重要的一个原因就是中国宝宝的辅助食品的补充在质和量方面都可能未达到要求。

面对发达国家国民的良好的身体素质，要想不让自己的宝宝输在起跑线上，那么，爸爸妈妈们就要在辅食上面多下工夫，不仅要让宝宝吃辅食，爱上辅食，还要注意辅食的营养全面性。

和周忠蜀医生谈辅食问题

Q 我家宝宝现在 5 个月了，一直是吃我的奶长大的，参考生长发育曲线都是很正常的，我需要给宝宝添加辅食吗？

A 关于辅食的添加现在很多爸爸妈妈都存在这样那样的误区，有的人认为到了 4 个月不添加就会严重影响营养的摄入；有的人认为一定要给宝宝买最贵的辅食，认为那才是最好的；还有的人认为宝宝不喜欢吃辅食是因为味道做得不好，于是增加了很了调味品。其实这些都是不正确的。所有的爸爸妈妈都应该掌握关于添加辅食的原则和具体操作方法，只有这样才会让宝宝更加健康。这一章我们将详细讲述这些内容，请爸爸妈妈们仔细阅读吧！

宝宝到了添加辅食的时候了，爸爸妈妈都做好准备工作了吗

婴儿辅助食品添加顺序表

月龄	添加的辅食品种	供给的营养素
2~3	鱼肝油（户外活动）	维生素 A、维生素 D
4~6	米粉糊、麦粉糊、粥等淀粉类	能量（训练吞咽能力）
	叶菜汁（先）、果汁（后）、叶菜泥、水果泥	维生素 C、矿物质、纤维素
	无刺鱼泥、动物血、肝泥、奶类、大豆蛋白粉、豆腐花或嫩豆腐	蛋白质、铁、锌、钙、B 族维生素
	鱼肝油（户外活动）	维生素 A、维生素 D
7~9	稀粥、烂饭、饼干、面包	能量（训练咀嚼能力）
	无刺鱼、鸡蛋（蛋黄）、肝泥、动物血、碎肉末、较大月龄婴儿奶粉或全脂牛奶、大豆制品	蛋白质、铁、锌、钙、B 族维生素
	蔬菜泥、水果泥	维生素 C、矿物质、纤维素
	鱼肝油（户外活动）	维生素 A、维生素 D
10~12	稀粥、烂饭、饼干、面包、面条、馒头等	能量
	无刺鱼、鸡蛋、肝泥、动物血、碎肉末、较大月龄婴儿奶粉或全脂牛奶、黄豆制品	蛋白质、铁、锌、钙、B 族维生素
	鱼肝油（户外活动）	维生素 A、维生素 D

根据宝宝的变化掌握添加辅食的时间

爸爸妈妈们知道怎么根据宝宝的情况来确定宝宝是否需要添加辅食吗？其实每一个宝宝的身体情况不一样，那具体添加辅食的时间和步骤也是不一样的。

一般情况下，宝宝在 4~6 个月就要开始添加辅食了。但这只是一个笼统的时间范围，具体何时开始呢？其实宝宝会主动告诉爸爸妈妈哦！

▶ 体重

根据宝宝的体重来决定宝宝是否需要添加辅食。当宝宝的体重已经达到出生时体重的2倍时，就可以考虑添加辅食了。例如，出生时体重是3.5千克的，那么当宝宝的体重达到7千克时，就应该给宝宝添加辅食了。但是如果出生体重较轻，在2.5千克以下，那么就应在宝宝体重达到6千克以后再开始添加。

▶ 发育情况

体格发育方面，宝宝能扶着坐，俯卧时能抬头、挺胸、用两肘支持身体重量；在感觉发育方面，宝宝开始有目的地将手或玩具放入口内来探索物体的形状及质地。这些情况表明宝宝已经有接受辅食的能力了。

▶ 奶量

如果每天喂奶的次数多达8~10次，或吃配方奶的宝宝每天的吃奶量超过1000毫升，那么，宝宝就需要添加辅食来补充营养了。

▶ 特殊动作

匙触及口唇时，宝宝表现出吸吮动作，并将食向后送、吞咽下去。当宝宝触及食物或触及喂食者的手时，露出笑容并张口，这就表示宝宝做好要添加辅食的准备啦。

▶ 妈妈们还要注意

宝宝虽小，对营养素的需求却非常大，同时，由于宝宝体内营养素的储备量相对较小，一旦某种营养素摄入不足，短时间内就可明显影响宝宝的发育进程。所以妈妈在添加辅食的时候，一定要根据宝宝的营养需求，及时适量地给宝宝补充营养。

🍴 添加辅食有规律可循：不宜过早或过晚

有些妈妈认识到辅食的重要性，认为越早添加辅食越好，可以防止宝宝营养缺失。于是就在宝宝刚刚两三个月就开始添加辅食。殊不知，过早添加辅食会增加宝宝消化功能的负担。因为婴儿的消化器官很娇嫩，消化腺不发达，分泌功能差，许多消化酶尚未形成，不具

备消化辅食的功能。消化不了的辅食会滞留在腹中"发酵"，造成宝宝腹胀、便秘、厌食，也可能因为肠蠕动增加，使大便量和次数增加，从而导致腹泻。因此，4个月以内的宝宝忌添加辅食。

另外，宝宝出生时，其胃肠道功能还不完善，各种消化酶的分泌明显不足，无法完全消化、吸收乳类食品以外的食物。例如，宝宝唾液淀粉酶水平在3个月时才达到成人的1/3，而胰淀粉酶要到6个月以后才开始分泌，因此，他们消化淀粉的能力差。宝宝对蛋白质、脂肪、维生素、矿物质等营养素的消化能力也是随着生长逐步成熟的，过早地添加辅食反而有害，如某些蛋白质通过肠壁进入体内成为抗原，会诱发过敏反应。此外，肠黏膜对营养素的吸收能力、对有害物质的阻断作用也要随着宝宝生长进一步完善。因此，添加辅食时，应根据宝宝的消化能力，先添加谷类食品，然后加水果、蔬菜，最后加肉类食品。避免宝宝因为错误的添加辅食而产生过敏、生病等反应。

过晚添加辅食也不利于宝宝的生长发育。4～6个月的宝宝对营养、能量的需要大大增加了，光吃母乳或配方奶粉已不能满足其生长发育的需要。而且，宝宝的消化器官逐渐健全，味觉器官也发育了，已具备添加辅食的条件。同时，4～6个月后是宝宝的咀嚼、吞咽功能以及味觉发育的关键时期，过晚添加辅

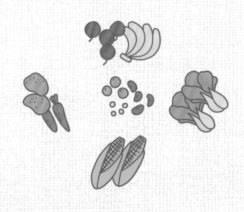

食，会使宝宝的咀嚼功能发育迟缓或咀嚼功能低下。另外，此时宝宝从母体中获得的免疫力已基本消耗殆尽，而自身的抵抗力正需要通过增加营养来产生，若不及时添加辅食，宝宝不仅生长发育会受到影响，还会因缺乏抵抗力而导致疾病发生。

不要给宝宝添加过于精细的食物

有些妈妈担心宝宝的消化能力弱，给宝宝吃的都是精细的辅食。这会使宝宝的咀嚼功能得不到应有的训练，不利于其牙齿的萌出和萌出后牙齿的排列；另外，食物未经咀嚼也不会产生味觉，既不利于味觉的发育，也难以勾起宝宝的食欲，面颊发育同样受影响。长期下去，不但影响宝宝的生长发育，还会影响宝宝的面部轮廓哦。

 宝宝生病时最好不要添加辅食

宝宝在感冒发热或腹泻生病期间，身体处在高致敏状态，抵抗力低下，若这时再为宝宝添加辅食，就会加重胃肠道负担，导致身体过敏或引发胃肠道疾病。1岁内的婴幼儿增加辅食应在身体状况良好的情况下进行，循序渐进，不能着急。每新添加一种食物时，都应严密观察宝宝有无不适或身体过敏的现象，如有上述症状，应停止喂食这种辅食。宝宝若出现严重休克、荨麻疹等过敏症状，应及时送医院。

添加辅食应遵循的原则

宝宝开始进食辅食后，妈妈不要操之过急，千万不要不顾食物的种类和量，任意给宝宝添加，或者宝宝要吃什么给什么、想吃多少给多少。因为宝宝的消化器官毕竟很柔嫩，有些食物根本消化不了。如果对宝宝添加辅食任意为之，一来会造成宝宝消化不良，再者会造成营养不平衡，并养成宝宝偏食、挑食等不良饮食习惯。

每个宝宝的发育程度不同，每个家庭的饮食习惯也有差异，为宝宝添加辅食的品种、数量也可以有一定的不同。但总的来说，为宝宝添加辅食应遵循以下原则：

▶ 由稀到稠

为适应宝宝的咀嚼能力，在刚开始添加辅食时，食物可以稀薄一些，使宝宝容易吞咽、咀嚼、消化。待宝宝适应之后，再逐渐改变质地，从流质到半流质、糊状、半固体，再到固体。例如，先添米汤，然后添稀粥、稠粥，直至软饭；先给菜泥，然后给碎菜或煮熟的蔬菜粒。

▶ 由少到多

最初开始添加辅食只是让宝宝有一个学习和适应的过程，吃多吃少对宝宝并不重要，因此不要硬性规定宝宝一次必须吃多少。在宝宝完全适应该种辅食之后，再逐渐增加进食量。

▶ 由一种到多种

添加以前未吃过的新辅食时，每次只能添加一种，5～7天后再试着添加

另一种，逐步扩大品种。有时候宝宝可能不喜欢新添加的食物，会把食物吐出来，这时妈妈要有耐心，可以反复地让宝宝尝试，但不要强迫宝宝吃。

🍚 添加辅食应注意的那些事儿

▶ 遇到宝宝不适要立刻停止

宝宝吃了新添的食物后，如果出现腹泻或大便里有较多黏液的情况，要立即暂停添加该食品。

宝宝吃流质或泥状食品的时间不宜过长。长时间给宝宝吃流质或泥状的食品，会使宝宝错过训练咀嚼能力的关键期，严重的可能会让宝宝在咀嚼食物方面产生障碍。

▶ 注意观察是否有过敏反应

给宝宝添加辅食后要注意观察宝宝的皮肤，看看有无过敏反应，如皮肤红肿，有湿疹等，如有，应立即停止添加这种辅食。

▶ 不可很快让辅食替代乳类

6个月以内宝宝的主要食品应该以母乳或配方奶粉为主，而添加的辅食只能作为一种补充食品。等宝宝逐渐适应了辅食之后，才可以考虑让宝宝断奶，让辅食成为主食。

▶ 添加的辅食要鲜嫩可口

给宝宝制作食物时，不要只注重营养而忽视了口味，这样不仅会影响宝宝的味觉发育，为日后挑食埋下隐患，还可能使宝宝对辅食产生排斥，影响营养的摄取。

▶ 培养宝宝进食的愉快心理

给宝宝喂辅食时，首先要营造一个快乐和谐的进食环境，最好选在宝宝心情愉快和清醒的时候喂食。宝宝表示不愿吃时，千万不可强迫宝宝进食。

 您有一条芝宝贝来信：

4～6个月宝宝逐渐脱离母乳，转向从自然食物摄取营养，妈妈必须遵从这个自然规律。

13

美味多样的辅食更吸引宝宝

妈妈给宝宝喂辅食的时候，是不是发现宝宝很多时候不爱吃，而且吃辅食的时候很不开心呢？妈妈们有没有想过可能是辅食制作得太单一了？

▶ 食物品种多样化

不同种类的辅食所提供的营养素不同。所以当宝宝已经习惯了多种食品后，妈妈就要尽可能地每天给宝宝的辅食品种不要重复。例如，当宝宝已经习惯了粥和面条之后，两者可以交替吃；宝宝已经习惯了肝泥、鱼泥、豆腐、蛋之后，上述食物可以轮流吃。让宝宝吃多种辅食，可以达到平衡膳食的目的，不致造成某种营养素的缺乏。

▶ 食物形状多样化

宝宝每天的食物中应有流质（如果汁）、半固体（如小馒头、稠粥、烂饭）等多种质地的辅食，既可增进宝宝的食欲，也能让他适应不同烹调方法和质地的食品。

▶ 色、香、味俱全

宝宝的视觉、嗅觉已经充分发育，颜色鲜艳而又有香味的辅食能提高宝宝的食欲。例如，胡萝卜与青菜泥、虾仁蓉与菜泥放在一起，黄色的蛋羹上加些绿色的菜泥，既好吃又好看。宝宝的辅食味道宜淡，不能以成人的口味为标准。

不宜过早添加调味品

很多妈妈给宝宝做肉泥、菜泥等辅食时，习惯按照自己的口味给宝宝加点盐和调味品，觉得这样的食物很有味道，宝宝爱吃。其实，这是一种非常错误的做法。

因为宝宝的肾脏发育还不健全，如果辅食中的盐过多，会加重宝宝肾脏的负担。我国居民高血压高发与饮食中食盐的摄入量过多有关，如果从婴儿期就习惯吃较咸的食品，长大后的饮食也会偏咸，长期下去，患高血压的概率会大大增加。另外，婴儿的味觉正处于发育过程中，对调味品的刺激比较敏感，宝宝常吃加调味品的食物，易挑食或厌食。所以别过早在宝宝的辅食中加盐和调味品。

宝宝要有专属的餐具、厨具

给宝宝添加辅食前，需准备一套宝宝专属的餐具和制作辅食的厨具。儿童餐具有可爱的图案、鲜艳的颜色，可以引起宝宝的食欲；宝宝的辅食制作要比成人的食物更加精细、干净，所以最好给宝宝准备一套专属的厨具。

▶ 匙

给宝宝喂辅食时，一定要用汤匙，而不能将辅食放在奶瓶中让宝宝吸吮。添加辅食的目的之一是训练宝宝的咀嚼、吞咽能力，为断奶做准备，如果将米粉等辅食放在奶瓶中让宝宝吸吮则达不到这个目的。

刚开始添加辅食时，应该每次只在匙内放少量食物，让宝宝可以一口吃下。因为刚开始给宝宝添加辅食的时候，母乳和配方奶粉是可以满足宝宝的必要营养的，所以可以不用太关注宝宝吃进去多少，而主要是看看宝宝对辅食的适应能力怎么样。

▶ 碗

大碗盛满食物会让宝宝产生压迫感，从而影响食欲。因此，给宝宝选择一个可爱的小碗，可以吸引宝宝的注意力。此外，尖锐易破的餐具也不宜选用，以免发生意外。

▶ 砧板

最好给宝宝用专用砧板制作辅食，要常洗、常消毒。最简单的消毒方法是开水烫，也可以选择日光晒。

▶ 刀具

给宝宝做辅食用的刀最好专用，并且生熟食所用刀具分开。每次做辅食前后都要将刀洗净、擦干。

▶ 刨丝器

刨丝器是做丝、泥类食物必备的用具，食物细碎的残渣很容易藏在细缝里，每次使用后都要洗净晾干。

▶ 蒸锅

蒸熟或蒸软食物时使用。蒸出来的食物口味鲜嫩、熟烂、容易消化、含油脂少，能在很大程度上保存营养素。

▶ 榨汁机

添加果汁和菜汁时，榨汁机也是必不可少的。选择榨汁机的时候，最好选购有特细过滤网，部件可分离清洗的。因为榨汁机是辅食前期的常用工具，如果清洗不干净，特别容滋生细菌，所以在清洁方面要特别注意。

▶ **小汤锅**

烫熟食物或煮汤用，也可用普通汤锅，但小汤锅省时省力。

▶ **磨泥器**

磨泥器是辅食添加前期的必备工具，在使用前需将磨碎棒和器皿用开水浸泡。

▶ **过滤器**

一般的过滤网或纱布（细棉布或医用纱布）即可，每次使用之前都要用开水浸泡，用完后洗净晾干。

 您有一条苦宝贝来信：

　　将食物装在碗内，用小匙一口一口地喂，让宝宝渐渐适应成人的饮食方式，当宝宝具有一定的抓握力后，可鼓励他自己拿小匙。

🍽 掌握辅食的制作要点，让宝宝爱上辅食

辅食的好坏直接影响着宝宝吃辅食的兴趣，如果妈妈掌握了制作辅食的要点，就能做出最美味可口的辅食，轻松让宝宝爱上吃辅食。快来看一看在为宝宝准备辅食时，需掌握的要点吧。

▶ **清洁**

准备辅食所用的砧板、锅铲、碗勺等用具应当用清洁剂洗净，充分漂洗，用沸水或消毒柜消毒后再用。最好能为宝宝单独准备一套烹饪用具。

▶ **选择优质的原料**

制作辅食的原料最好是没有化学污染的绿色食品，尽可能新鲜，并仔细选择和清洗。

▶ **单独制作**

宝宝的辅食一般都要求细烂、清淡，所以不要将宝宝辅食与成人食品混在一起制作。

▶ **使用合适的烹饪方法**

制作宝宝辅食时，要避免长时间烧煮、油炸、烧烤，这样会减少营养素的流失。还要根据宝宝的咀嚼和吞咽能力及时调整食物的质地，食物的调味也要根据宝宝的需要来调整，不能以成人的喜好来决定。

水果长期存放后维生素含量会明显降低，其中腐烂、变质的水果更是有害人体健康，因此一定要为宝宝选择新鲜的水果。

▶ 制作果汁、果泥前，要将水果清洗干净

苹果、梨等水果应先洗净，浸泡15分钟（尽可能去除农药），用沸水烫30秒后去掉果皮再给宝宝吃。切开食用的水果（如西瓜），也应将外皮用清水洗净后，再用清洁的水果刀切开。小水果（如草莓、葡萄等）皮薄或无皮，果质娇嫩，应该先洗净，用清水浸泡15分钟再食用。

▶ 现做现吃

隔顿食物的味道和营养都会大打折扣，且容易滋生细菌，因此不要让宝宝吃上顿吃剩的食物。为了方便，妈妈可以多准备一些生的原料（如肉糜、碎菜等），然后根据宝宝每次的食量，用保鲜膜分开包装后放入冰箱保存。但是，这样保存食品的时间也不应超过3天。

▣ 给宝宝选择哪些水果、蔬菜最健康

宝宝开始吃辅食之后，水果、蔬菜也成为宝宝日常的主要食物之一了。妈妈们都知道多吃水果、蔬菜能补充维生素，让宝宝身体健康，在这里，也给妈妈们一些选择果蔬的建议，让宝宝吃水果、蔬菜吃得更放心。

▶ 选择当地新鲜的水果

给宝宝吃的水果最好是供应期比较长的当地时令水果，如苹果、香蕉等。

▶ 选择新鲜的蔬菜

给宝宝吃的蔬菜最好选择无公害的新鲜蔬菜。如果没有条件用这样的蔬菜，应尽可能挑选新鲜、病虫害少的蔬菜，千万不要购买有浓烈农药味或不新鲜的蔬菜。

▶ 蔬菜买回来后应仔细清洗

为避免有毒化学物质、细菌、寄生虫的危害，买回来的蔬菜应先用清水冲洗蔬菜表层的脏物，适当除去表面的叶片，然后将清洗过的蔬菜用清水浸泡半个小时到1个小时，最后再用流水彻底冲洗干净。根茎类和瓜果类的蔬菜

（如胡萝卜、土豆、冬瓜等）去皮后也应再用清水冲洗。还可以把蔬菜先用开水焯一下再炒。

除了爱，还要有耐心

对于一个习惯吃母乳的宝宝来说，从母乳喂养到自主完成进食，是一个需要逐步学习、逐渐适应的过程，需要半年或更长的时间。所以给宝宝添加辅食需要妈妈的耐心和细心。

据研究，一种新的食物往往要经过15～20次的接触之后，才能被宝宝接受。而且，宝宝接受某种半固体食物的时间还有个体差异，短的一两天，长的要一周多。因此，当宝宝拒绝新食物，或对新的食物吃吃吐吐时，妈妈不能采用强迫的手段，以免使宝宝对这种食物产生反感，也不要认为宝宝不喜欢这种食物而放弃添加。应该变换做法，在宝宝情绪比较好的时候反复地尝试。如果宝宝性格比较温和、吃东西速度比较慢，也千万不要责备和催促，以免引起他对进餐的厌恶。

PART1

1~3个月
补充一点鱼肝油吧

和周忠蜀医生谈辅食

Q 宝宝每个月甚至每天都有不同的变化，那么我该怎么帮助宝宝在不同的成长阶段添加辅食呢？

A 这个问题正是我们这一部分要回答的，宝宝每个月都会发生让妈妈始料不及的变化，这是宝宝成长的过程，既离不开爸爸妈妈的精心呵护，也离不开宝宝每日所摄取的营养。所以，爸爸妈妈们在给宝宝准备辅食的时候，要根据宝宝的生长发育特点添加辅食。希望这一部分的讲述能够对你有所帮助。

宝宝的营养需求

1~3个月一日营养计划

主食：母乳或母乳 + 配方奶

餐次	刚出生每天 10 ~ 12 次，2 个月起每 3 小时一次，3 个月后夜间减少 1 次。哺喂具体时间依宝宝实际情况而定
用量	提倡按需哺喂，2 ~ 3 个月起每次喂 50 ~ 160 毫升

辅助食物：母乳喂养的宝宝不需添加，人工喂养的话，可以适量添加温开水，两个月后还可以适量添加菜汁、果汁、米汤、鱼肝油，每天 1 次

餐次	白天两次喂奶中间
用量	每次 20 ~ 30 毫升

🍼 3 个月的宝宝能添加鱼肝油吗

很多妈妈会有疑惑，如果母乳就能满足宝宝的营养需求了，那为什么还要给宝宝补充鱼肝油呢？其实不论是母乳喂养还是人工喂养的宝宝，都容易缺乏维生素 D，所以都应该及时给宝宝添加鱼肝油。

为尽早预防佝偻病，同时适量补充维生素 A，出生两周后就可以开始给宝宝喂含有维生素 A、维生素 D 的鱼肝油和适量钙剂，每天 1 次。

▶ 母乳喂养的宝宝

除鱼肝油和钙剂以外，1 ~ 3 个月吃母乳的宝宝一般不需要添加其他辅食。

▶ 人工喂养的宝宝

人工喂养的宝宝除了要补充鱼肝油之外，在第 2 个月起，可以适量添加菜汁、果汁、米汤，但是不要过量，也不要忙着添加谷类辅食。

妈妈可能遇到的问题

吃母乳的宝宝需要喂水吗

一般来说，出生 6 个月之前的宝宝用纯母乳喂养时，可以不额外喂水。但在天气炎热、室内干燥的情况下需要适量补充水分。

▶ 母乳中的水分基本能满足宝宝的需要

母乳中含有宝宝成长所需的一切营养，特别是母乳 70% ~ 80% 的成分都是水，足以满足宝宝对水分的要求。

▶ 喂水不宜过多

如果过多地给宝宝喂水，会抑制宝宝的吮吸能力，使宝宝主动吮吸的母乳量减少，这不仅对宝宝的成长不利，还会间接造成母乳分泌减少。

▶ 母乳喂养特殊情况下要适当喂水

母乳喂养的宝宝可以不额外喂水，并不是说一点水都不能给宝宝喂，偶尔给宝宝喂点水是不会有影响的。特别是当宝宝生病发烧时，夏天常出汗而妈妈又不方便喂奶或宝宝吐奶时，这些情况下宝宝都比较容易出现缺水现象，那适当喂点水就非常必要了。

人工喂养宝宝需要适度喂水

▶ 喝水缓解宝宝便秘

人工喂养的宝宝一定要注意喂水，因为配方奶粉中的蛋白质 80% 是酪蛋白，不易消化，同时，牛奶中的乳糖含量比母乳少，这些都容易导致便秘。所以，人工喂养的宝宝要及时补充水分。

▶ 喝水排除多余矿物质

配方奶粉中含钙磷等矿物盐较多，约是母乳的 2 倍，过多的矿物盐和蛋白质的代谢产物会从肾脏排出体外，这个过程需要水的参与才能够完成。

▶ 喝水要适量，切勿强迫喂水

那么每天给宝宝喂多少水合适呢？要根据宝宝的年龄、气候及饮食等情况而定。一般情况下，每次可给宝宝喂100毫升左右的水就够了，在发烧、呕吐及腹泻的情况下喝量要适当多一些。

宝宝之间存在个体差异，喝水量多少都不一样，宝宝知道自己能喝多少，所以当宝宝不喜欢喝水或喝得少时，妈妈不要强迫喂水。

▶ 定时喂水，保持好习惯

喂水时间一般定在两次喂奶之间较合适，不会影响宝宝喝奶量。夜间最好不要让宝宝喝水，以免影响宝宝睡眠。让宝宝喝白开水为宜，6个月后也可喝一点稀释后的果汁等，但不要加糖。

宝宝3个月可以喂菜汁、果汁吗

3个月内人工喂养或混合喂养的宝宝，可以喂一些稀释后的果汁，但是量也要少一些，以免引起宝宝腹泻或呕吐。等宝宝逐渐适应了果蔬汁的味道、肠道消化也没有问题后，可逐渐改为直接喂原汁。

喂果蔬汁时要多观察宝宝的大便，如果有拉稀现象，可暂停添加，看看是否是果蔬汁不被消化所致，如果是就要调整果蔬的种类。一般苹果汁会有助于宝宝的消化，番茄和油菜汁喂多了可能使宝宝大便变稀，西瓜汁有助于宝宝夏季清火解暑，妈妈可根据自己宝宝的消化情况和季节变化予以选择和调理。

配方奶粉+营养伴侣，给宝宝全面的营养

营养伴侣是专为婴幼儿及儿童设计的超浓缩营养补充食品。它含有DHA、核苷酸等将近50种营养成分，均衡浓缩，天然基质，是在低温40℃左右的独特加工工艺下生产的，相比奶粉的150℃的加工工艺，营养成分损失小。其丰富的营养素在确保婴幼儿基本营养需求的基础上，可以满足更高的营养需求，是配方奶粉喂养婴幼儿及儿童的良好营养伴侣。

宝宝吃的鱼肝油，要谨慎选择

选择不含防腐剂、色素的鱼肝油，避免宝宝叠加中毒；选择不加糖分的鱼肝油，以免影响钙质的吸收；选择新鲜纯正口感好的鱼肝油，使宝宝更愿意服用；选择不同规格的鱼肝油，有效满足婴幼儿成长期需求；选择单剂量胶囊型的鱼肝油，避免二次污染；选择铝塑包装的鱼肝油，避免维生素A、维生素D

氧化变质；要注意选择科学配比 3 ∶ 1 的鱼肝油，避免维生素 A 过量，导致宝宝中毒；选择知名企业生产的鱼肝油，相对比较安全可靠。

凡事要适度，鱼肝油也不是吃得越多越好

鱼肝油能提高宝宝的抵抗力，预防夜盲症和佝偻病，因此有些妈妈认为鱼肝油是补品，多多益善，其实不然。有些妈妈看见宝宝多汗，认为是缺钙引起的，不断给宝宝吃鱼肝油，还有的妈妈给宝宝同时服用不同品牌而实质相同的鱼肝油制品。这些都会导致维生素 A、维生素 D 过量，严重的会发生中毒。

一旦怀疑是鱼肝油过量，应立即停服鱼肝油制品和钙剂。

不要拔苗助长，过早添加淀粉类辅食对宝宝不好

许多妈妈在碰到宝宝食欲旺盛，半夜三更常出现饥饿性哭吵时，就认为淀粉类食物耐饥，所以晚上睡觉前给宝宝喂米粉糊等，以求夜间的安宁。也有的妈妈因母乳不够而给宝宝添加米粉等，认为米粉既有营养又能满足宝宝的食欲，但殊不知过早添加淀粉类辅食会影响宝宝的正常发育。

▶ 导致宝宝消化不良

出生后至 4 个月前的宝宝唾液腺发育尚不成熟，不仅口腔唾液分泌量少，淀粉酶的活力低，而且小肠内胰淀粉酶的含量也不足。如果这时盲目给宝宝添加淀粉类辅食，常常会适得其反，导致宝宝消化不良。

▶ 造成宝宝虚胖

过多淀粉的摄入势必影响蛋白质的供给，造成宝宝虚胖，俗称"泥糕样"体质，严重的还会出现营养不良性水肿。

▶ 影响其他营养素的供给

淀粉类食品的过早添加，还直接影响乳类中钙、磷、铁等营养物质的供给，对宝宝正常发育产生不利的影响。

PART2

4~6个月
给宝宝最好的"第一口"

和周忠蜀医生谈辅食

Q 我家宝宝是母乳喂养的，现在 4 个月啦，需不需要添加辅食呢？

A 母乳喂养的宝宝一般是在 6 个月的时候才开始正式添加辅食。但是如果母乳不充足，可以适当给宝宝添加一些米粉或米糊。要遵循由稀到稠，由少到多的规律。除了纯母乳喂养的宝宝在 6 个月以后添加辅食之外，混合喂养和配方奶粉喂养的宝宝都可以再 4 个月就开始添加辅食的。

宝宝的营养需求

4～6个月的宝宝，不管是母乳喂养还是人工喂养都可以添加一些辅食啦。一般来讲，宝宝出生第4个月后，体内铁、钙、叶酸和维生素等营养元素会相对缺乏。为满足宝宝成长所需的各种营养素，从这一阶段起，妈妈就应该适当给宝宝添加淀粉类和富含铁、钙的辅食了。

4个月宝宝一日营养计划

主食：母乳或母乳＋配方奶

餐次	上午：6：00、12：00
	下午：15：00
	晚间：21：00、24：00
用量	用量每次喂 100～180 毫升

辅助食物：婴儿营养米粉、菜泥、果泥等

餐次	上午 9：00 添喂婴儿营养米粉
	下午 18：00 添喂菜泥或水果泥
用量	每次 20～30 克
鱼肝油	每天 1 次
其他	保证饮用适量白开水或菜汁、果汁

5个月宝宝一日营养计划

主食：母乳或母乳＋配方奶

餐次	上午：6：00、12：00
	下午：15：00
	晚间：21：00、24：00
用量	每次喂 100～180 毫升

辅助食物：婴儿营养米粉、菜泥、果泥、稀粥、汤面等

餐次	上午 9：00 添喂婴儿营养米粉或稀粥、汤面
	下午 18：00 添喂菜泥或水果泥
用量	每次 20～30 克
鱼肝油	每天 1 次
其他	保证饮用适量白开水或菜汁、果汁

6个月宝宝一日营养计划

主食：母乳或母乳＋配方奶

餐次	上午：6：00、12：00
	下午：15：00
	晚间：21：00、24：00
用量	用量每次喂 150～200 毫升

辅助食物：奶糊、汤面、菜泥、鱼泥、肉泥、鸡蛋黄等

餐次	上午 9：00
	下午 18：00
用量	各类辅食调剂食用，每次 50～80 克
鱼肝油	每天 1 次
其他	保证饮用适量白开水

人工喂养和混合喂养的宝宝：添加辅食补充营养

人工喂养的宝宝和混合喂养的宝宝添加辅食的时间比母乳喂养的宝宝要早一些。一般来讲出生后的第4个月，人工喂养的宝宝体内的铁、钙、叶酸和维生素等营养元素会相对缺乏。为满足宝宝成长所需的各种营养素，从这一阶段起，妈妈应该适当给宝宝添加淀粉类和富含铁、钙的辅助食物了。如菜泥、果泥等。

到第5个月，宝宝生长发育迅速，应当让小宝宝尝试更多的辅食种类。在第4个月添加的果泥、菜泥的基础上，可以再添加一些稀粥或汤面，还可以开始添加一点鱼泥、肉泥换一换口味。当然，宝宝的主食还应以母乳或配方奶为主，辅食的种类和具体添加的多少也应根据宝宝的消化情况而定。

从第6个月起，宝宝身体需要更多的营养物质和微量元素，这个阶段的宝宝可以开始吃些肉泥、鱼泥、肝泥等肉类食品。其中鱼泥的制作最好选择平鱼、黄鱼等肉多、刺少的鱼类，这些鱼便于加工成肉泥。

母乳喂养的宝宝也可以添加辅食啦

根据国际母乳喂养协会的规定，纯母乳喂养的宝宝6个月以前不用添加辅食，宝宝太早添加辅食容易引起过敏反应，因为婴儿的消化系统还无法接受母乳以外的食物。当宝宝差不多6个月大时，妈妈可以从宝宝的种种表现中看出，宝宝已经准备好要吃辅食了，例如，宝宝每次伸出手来想抓东西或抓到了东西就往自己的嘴里送，或是喜欢抓妈妈正要吃的东西，这就表示宝宝开始对食物感兴趣了。

五六个月开始吃辅食的宝宝，也要遵循由少到多、由稀到稠，循序渐进的原则来添加辅食。开始以米糊、米粉等好消化、好吸收的辅食为主，到宝宝适应之后可以慢慢添加果泥、菜粥、面、肉泥等辅食。

妈妈可能遇到的问题

🥣 第一次如何给宝宝添加辅食

许多妈妈都会有这样的困惑：第一次添加辅食应该选择哪一种食物？什么时间添加宝宝更易接受？一次喂多少比较合适呢？

第一次添加辅食首选米糊、菜泥和果泥。第一次给宝宝添加辅食，可以在宝宝的日常奶量以外适当地添加。

米糊一般可用市场上出售的婴儿营养米粉来调制，也可把大米磨碎后自己制作。购买成品的婴儿米粉应注意宝宝的月龄，按照产品的说明书配制米糊。果泥要用新鲜水果制作。菜泥在制作中不应加糖、盐、味精等调料。

宝宝第一次尝试辅食最理想的时间是两次哺乳中间。尽管辅食能提供热量，乳汁仍然是宝宝最满意的食品。因此，妈妈应该在先给宝宝喂食通常所需奶量的一半后，给宝宝喂 1～2 汤匙新添加的辅食，然后，继续给宝宝吃没有吃够的乳汁。这样，宝宝也许会慢慢习惯新的食品，渐渐增加辅食的量和种类。

第一次给宝宝添加辅食不宜多。刚开始喂辅食，妈妈只需准备少量的食物，用小汤匙舀一点点食物轻轻地送入宝宝的口里，让他自己慢慢吸吮、慢慢品味。

🥣 循序渐进，让辅食逐步代替母乳

开始给宝宝添加辅食时，应注意母乳和辅食的合理搭配。有的妈妈生怕宝宝营养不足，影响生长，早早开始添加辅食，而且品种多样、喂得也比较多，结果使宝宝积食不消化，连母乳都拒绝了，这样反而会影响宝宝的生长。添加辅食最好采用以下步骤。

▶ 开始时

上午和下午各添加宝宝平时使用的奶瓶一半的量，或者只在晚上入睡前添加半瓶牛奶，其余时间仍用母乳喂养。如宝宝吃不完半瓶，可适当减少。

▶ 4~6个月后

可在晚上入睡前喂小半碗稀一些的掺牛奶的米粉糊，或掺半个蛋黄的米粉糊，这样可使宝宝一整个晚上不再饥饿醒来，尿也会适当减少，有助于母子休息安睡。但初喂米粉糊时，要注意观察宝宝是否有吃糊后较长时间不思母乳的现象，如果是，可适当减少米粉糊的喂量或稠度，不要让它影响了宝宝对母乳的摄入。

▶ 8个月后

可在米粉糊中加少许菜汁、一个蛋黄，也可在两次喂奶的中间喂一些苹果泥（用匙刮出即可）、西瓜汁、一小段香蕉等，尤其是当宝宝吃了牛奶后有大便干燥现象时，西瓜汁、香蕉、苹果泥、菜汁都有软化大便的功效，也可补充新鲜维生素。

▶ 10个月后

可增加一次米粉糊，并可在米粉糊中加入一些碎肉末、鱼肉末、胡萝卜泥等，也可适当喂小半碗面条。牛奶上午、下午可各喂一奶瓶，此时的母乳营养已渐渐不足，可适当减少几次母乳喂养（如上午、下午各减一次），以后随月龄的增加逐渐减少母乳喂养次数，以便宝宝逐渐过渡到可完全摄食自然食物。

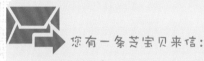
您有一条芝宝贝来信：

开始时一次只能喂一种新的食物，等宝宝适应后，再添加另外一种新的食品。

辅食要自己做，还是买

自己做的辅食和市场销售的辅食各有其优缺点。市场销售的婴儿辅食最大的优点是方便，即开即食，能为妈妈们节省大量的时间。同时，大多数市售婴儿辅食的生产受到严格的质量监控，其营养成分和卫生状况得到了保证。因此，如果没有时间为宝宝准备合适的食品，而且经济条件许可，不妨选用一些有质量保证的市场销售的婴儿辅食。

但妈妈们必须了解的是，市场销售的婴儿辅食无法完全代替家庭自制的婴儿辅食。因为市场销售的婴儿辅食没有各家各户的特色风味，当宝宝度过断奶期后，还是要吃家庭自制的食物，适应家庭的口味。在这方面，家庭自制的婴儿辅食显然有着很大的优势。

因此，自制还是购买婴儿辅食，应根据家庭情况选择。

帮你挑选经济实惠的辅食

许多妈妈在选择市场销售的辅食时，以为价位高或进口的食品一定是最好的，故常常求贵贪洋，花了不少冤枉钱不说，有时宝宝的营养状况反而亮起红灯。其实辅食并非越贵越好，了解一些必要的选购常识和方法，也能挑选到经济而实惠的辅食。

▶ 注意品牌和商家

一般而言，知名企业的产品质量较有保证，卫生条件也能过关，所以最好选择好的品牌、大的厂家生产的食品，以免影响到宝宝的健康。

▶ 价高不一定优质

虽然有些食品价位高，但营养不一定优于价位低的食品，因为食品的价格与其加工程序成正比，而与食品来源成反比。加工程序越多的食品营养素丢失的越多，价格却很高。

▶ 进口的不一定比国产的好

进口的婴幼儿食品，其中很多产品价格高是由于包装考究、原材料进口关税高、运输费用昂贵造成的，其营养功效与国产的也差不多。妈妈选购时要根据不同年龄宝宝的生长发育特点，从均衡营养的需要出发，有针对性地选择，这样花不了多少钱就会收到很好的效果。

宝宝不愿吃辅食，掌握喂养技巧是关键

喂辅食时，宝宝吐出来的食物可能比吃进去的还要多，有的宝宝在喂食中会将头转过去，避开汤匙或紧闭双唇，可能一下子哭闹起来，拒绝吃辅食。遇到类似情形，妈妈不必紧张，弄清楚宝宝为什么会出现这种情况，对症采取措施。

首先，宝宝从吸吮进食到吃辅食需要一个过程。在添加辅食以前，宝宝一直是以吸吮的方式进食的，而米粉、果泥、菜泥等辅食需要宝宝吃下去，也就是先要将勺子里的食物吃到嘴里，然后通过舌头和口腔的协调运动把食物送到口腔后部，再吞咽下去。这对宝宝来说，是一个很大的飞跃。因此，刚开始添加辅食时，宝宝会很自然地顶出舌头，似乎要把食物吐出来。

其次，宝宝可能不习惯辅食的味道。新添加的辅食或甜、或咸、或酸，这对只习惯奶味的宝宝来说也是一个挑战，因此刚开始时宝宝可能会拒绝新味道的食物。

对于不愿吃辅食的宝宝，妈妈应该弄清是宝宝没有掌握进食的技巧，还是他不愿意接受这种新食物。此外，宝宝情绪不佳时也会拒绝吃新的食品，妈妈可以在宝宝情绪好时让宝宝多次尝试，慢慢让宝宝掌握进食技巧，并通过反复的尝试让宝宝逐渐接受新的食物口味。

如果宝宝实在不愿意吃辅食，妈妈千万不要强制喂食。因为宝宝还小，只对母乳感兴趣是可以理解的，如果妈妈强行喂食的话，反而会加强宝宝对辅食的抗拒。

妈妈要掌握一些喂养技巧。妈妈给宝宝喂辅食时，需注意：使食物温度保持为室温或比室温略高一些，这样，宝宝就比较容易接受新的辅食；勺子的大小应合适，每次喂时只给一小口；将食物送进宝宝嘴的后部，便于宝宝吞咽。

🥄 怎样逐步添加米粉

宝宝长到 4 ~ 6 个月时，应该及时科学添加辅食，其中很重要的就是婴儿米粉。对添加辅食的宝宝来说，婴儿米粉相当于我们成人吃的主粮，其主要营养成分是碳水化合物，是婴儿一天需要

的主要能量来源。因此，及时而正确地给宝宝添加米粉非常重要。

▶ 从单一种类的营养米粉开始

起初，先给宝宝添加单一种类、第一阶段的婴儿营养米粉，假若宝宝对某种特定的米粉无法接受或消化不良，就可以确定哪种米粉不适合宝宝。

▶ 更换口味需相隔数天

试吃第一种米粉后，如宝宝未出现不良反应，可隔 3 ~ 5 天再添加另一种口味的米粉。每次为宝宝添加新口味的食物都应与上次相隔数天。

 您有一条芝宝贝来信：

喂辅食时妈妈必须非常小心，不要把汤匙过深地放入宝宝的口中，以免引起宝宝作呕，从此排斥辅食和小匙。

▶ 起初将米粉调成糊状

刚开始添加米粉时可在碗里用温奶或温开水冲调一汤匙米粉，并多用点水将米粉调成稀糊状，让食物容易流入宝宝口内，使宝宝更易吞咽。

▶ 进食量由少到多

初次进食由一汤匙婴儿米粉开始，当宝宝熟悉了吞咽固体食物的感觉时，可增加到 4 ~ 5 汤匙或更多米粉。

▶ 宝宝吐出食物，妈妈需耐心对待

对宝宝来说，每次第一口尝试新食物都是一种全新的体验。他可能不会马上吞下去，或者扮一个鬼脸，或者吐出食物。这时，妈妈可以等一会儿再继续尝试。有时可能要尝试很多次后，宝宝才会吃这些新鲜口味的食物。

▶ 米粉可以吃多长时间

宝宝吃米粉并没有具体的期限，一般是在宝宝的牙齿长出来，可以吃粥和面条时，就可以不吃米粉了。

🥄 怎样正确冲调婴儿米粉

冲调米粉的水温要适宜。水温太高，米粉中的营养容易流失；水温太低，米粉不溶解，混杂在一起会结块，宝宝吃了易消化不良。比较合适的水温是 70 ~ 80℃，一般家庭使用的饮水机里的热水，泡米粉应该是没有问题的。冲调好的米粉也不宜再烧煮，否则米粉里水溶性营养物质容易被破坏。

🥄 如何循序渐进地添加果泥及菜泥

添加蔬菜泥和果泥的方式与米粉相同，每次只添加一种，隔几天再添加另一种，要注意宝宝是否对食物过敏。

▶ 口味先从单一开始

添加菜泥或果泥的方式与米粉相同，首先选择根茎类或瓜豆类食物做成的蔬菜泥，每次只添加一种，隔几天再添加

另一种，待宝宝吃辅食的能力逐渐提高后，便可增加这些食物的喂食量。

▶ 先让宝宝尝试吃菜泥

虽然从营养的角度来看，进食的次序并不是很重要，但由于水果较甜，宝宝会较喜欢，所以一旦宝宝养成对水果的偏爱之后，就很难对其他蔬菜感兴趣了。所以，一般都是先让宝宝尝试菜泥，再喂食果泥。

▶ 进食分量由少到多

初次进食从1汤勺开始，随着宝宝接受能力的提高和营养需求的增加，逐步加大宝宝的食用分量。

怎样制作食物泥

食物泥是将天然的食材蒸熟后打成细稠的泥状物，可以让宝宝一次性吃到多种元素的营养，而且因为食物泥够细致，不会伤害到肠胃，所以也不会产生胀气的问题。

很多妈妈不知道怎样去制作食物泥，也不知道食物与水的比例， 不小心就过稀，成了菜汤，也有可能做得过于黏稠，宝宝难以下咽。其实，最好的菜泥、果泥与水的比例是水∶食材=1∶1。

食物泥的食材可以依照时令更替，因此宝宝会吃到不同季节的各种食材，食物泥的食材种类丰富，让宝宝在幼儿期就可以品尝各式各样的口味，也会养成不挑食的好习惯。

食物泥用到的食材品种包含谷类、豆类、叶菜类、根茎类、水果、坚果等。

糖粥虽甜，没有营养也不行

由于宝宝喜欢甜味，有的妈妈便常常以糖代菜，给宝宝喂糖粥。有的妈妈还误认为糖粥是营养品，因为吃糖粥的宝宝一般都长得白白胖胖。

其实，糖粥中主要营养是碳水化合物，蛋白质含量低（尤其是植物蛋白质），缺乏各种维生素及矿物质。长期吃糖粥使宝宝看起来白白胖胖，但生长发育落后，肌肉松弛，免疫功能降低，容易发生各种维生素缺乏症、缺铁性贫血、缺锌等疾病。另外，长期吃糖粥还会导致龋齿。

用牙床咀嚼食物，促进乳牙萌出

当宝宝还没有出牙时，有的妈妈给宝宝吃煮得过烂的食物，有的则将食物咀嚼后再喂给宝宝，这样既不卫生，又使宝宝失去了通过咀嚼享受食物色、香、味的美好感受，无法提高其食欲。其实，出生 5 ～ 6 个月后，宝宝的颌骨与牙龈已发育到一定程度，足以咀嚼半固体或软软的固体食物。乳牙萌出后咀嚼能力进一步增强，此时适当增加食物硬度，让其多咀嚼，反而可以促使牙齿萌出，使牙列整齐、牙齿坚固，有利于牙齿、颌骨的正常发育。

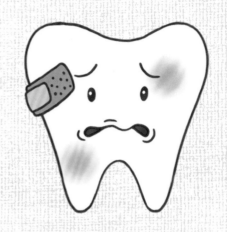

怎样保护宝宝的乳牙

宝宝的乳牙一般是 7 个月大时开始长，但发育较快的宝宝也有 5~6 个月就开始长乳牙的。无论宝宝吃母乳还是奶粉，若"饭后"不漱口，残留的奶、食物就会在口腔里发酵，从而滋生细菌，并影响口腔健康。所以，从宝宝出生开始，妈妈就要注意宝宝的口腔清洁，每次进食后妈妈可以用纱布蘸点水，给宝宝抹抹上下颚、牙龈和小舌头，这样既清洁口腔、刺激牙床，又可以促使乳牙萌出。

如果觉得每天清理比较麻烦或担心操作不当损伤口腔黏膜，睡前或进食后给宝宝喂少许温开水也会有事半功倍的效果。

宝宝吃辅食总是噎着怎么办

宝宝吃新的辅食有些恶心、哽噎，这样的经历是很常见的，妈妈不必过于紧张。

只要在喂哺时多加注意就可以避免。例如，应按时、按顺序地添加辅食，从半流质到糊状、半固体、固体，让宝宝有一个适应、学习的过程；一次不要喂食太多；不要喂太硬、不易咀嚼的食物。

▶ 给宝宝添加一些特制的辅食

为了让宝宝更好地学习咀嚼和吞咽的技巧，还可以给他一些特制的小馒头、磨牙棒、磨牙饼、烤馒头片、烤面包片等，供宝宝练习啃咬、咀嚼技巧。

▶ 不要因噎废食

有的妈妈担心宝宝吃辅食时噎着，于是推迟甚至放弃给宝宝喂固体食物，因噎废食。有的妈妈到宝宝两三岁时，仍然将所有的食物都用粉碎机粉碎后才喂给宝宝，生怕噎着宝宝。这样做的结果是宝宝不会"吃"，食物稍微粗糙一点就会噎着，甚至会把前面吃的东西都吐出来。

▶ 抓住宝宝咀嚼、吞咽敏感期

宝宝的咀嚼、吞咽敏感期从 4 个月左右开始，7 ～ 8 个月时为最佳时期。过了这个阶段，宝宝学习咀嚼、吞咽的能力下降，此时再让宝宝开始吃半流质或泥状、糊状食物，宝宝就会不咀嚼地直接咽下去，或含在口中久久不肯咽下，常常引起恶心、哽噎。

给宝宝吃什么样的面条，吃多少合适

喂宝宝的面条应是烂而短的，面条可和肉汤或鸡汤一起煮，以增加面条的鲜味，引起宝宝的食欲。喂时需先试喂少量，观察一天看宝宝有没有消化不良或其他情况。如情况良好，可加多食量，但也不能一下子喂得太多，以免引起宝宝胃肠功能失调，出现腹胀，导致厌食。

吃面条应注意的问题

一般情况下面条越细，含盐量越高，所以在煮面的时候要多煮一下，煮面的水不要再使用或作为面汤让宝宝喝；调味时也应注意尽量减少调味料的使用。

健康的饮食习惯，养出宝宝好口味

开始进食对宝宝来讲是重要的基础，从添加辅食开始让宝宝养成对营养食物的喜好，尽量给宝宝吃接近天然的食物，最初就建立健康的饮食习惯，会让宝宝受益一生。

妈妈们可参照下面的标准来掌握给宝宝喂面食的一日用餐量：

4~5 个月	2/3 碗（150 毫升的小碗，下同）烂面，加 2 匙菜汤
6~7 个月	1/2 碗烂面，加 3 匙菜、肉汤
8~10 个月	中、晚各 2/3 碗面，菜、肉、鱼泥各 2 匙
11~12 个月	中、晚各 1/2 碗面，肉、鱼、菜泥各 3 匙

▶ 多让宝宝尝试口味淡的辅食

给宝宝制作辅食时不宜添加香精、防腐剂和过量的糖、盐，以天然口味为宜。

▶ 远离口味过重的市售辅食

口味或香味很浓的市场销售的成品辅食，有可能添加了调味品或香精，不宜给宝宝吃。

▶ 别让宝宝吃罐装食品

罐装食品含有大量盐与糖，不能用来作为宝宝食品。

▶ 所有加糖或加人工甜味剂的食物，宝宝都要避免吃

再制、过度加工过的糖不含维生素、矿物质或蛋白质，长期食用会导致肥胖，影响宝宝健康。同时，糖会使宝宝胃口受到影响，妨碍吃其他食物。玉米糖浆、葡萄糖、蔗糖也属于糖类过度加工的食物，妈妈们要避免选择标示中有此添加物的食物。

☕ 辅食"大杂烩"不能给宝宝吃

当妈妈逐渐给宝宝加菜泥、果泥、米粉以后，宝宝一顿饭可能吃到 3～4 种辅食，这时有的妈妈可能想干脆将几种辅食搅拌在一起让宝宝一次吃完得了，这种做法倒是省事，却是极其错误的。

4～6 个月是宝宝的味觉敏感期，所以给宝宝吃各种不同的食物，不仅要让宝宝得到营养，还要让宝宝尝试不同的口味，让宝宝逐渐分辨出这是蛋黄的味道，那是菜泥的味道，这是米粉的味道……也就是说，对于各种不同的味道，宝宝要有一个分辨的过程，如果妈妈将各种辅食混在一起，宝宝会尝不出具体的味道，对宝宝味觉发育没有好处。

☕ 宝宝偏食，妈妈的罪过

有些宝宝在添加辅食后，对某种甜或咸食物特别感兴趣，会一下子吃很多，同时会拒绝喝奶和吃其他辅食。面对这种情况，妈妈可不能由着宝宝的性子来。

不要让宝宝养成偏食、挑食的习惯。不偏食、不挑食的良好饮食习惯应该从添加辅食时开始培养。在添加辅食的过

程中，应该尽量让宝宝多接触和尝试新的食物，丰富宝宝的食谱，讲究食物的多样化，从多种食物中得到全面的营养元素。

对某种食物吃得过多易造成宝宝胃肠道功能紊乱。不加限制地让宝宝吃不但可能使宝宝吃得过多，造成胃肠道功能紊乱，而且会破坏宝宝的味觉，使宝宝以后反而不喜欢这种味道了。

不要口对口喂食

为了让宝宝吃不易消化的固体食物，许多老人会先将食物放在自己嘴里嚼碎后，再用匙或手指送到宝宝嘴里，有的甚至直接口对口喂。他们认为这样给宝宝吃东西容易消化。实际上这是一种极不卫生、很不正确的喂养方法和不良习惯，对宝宝的健康危害极大，应当禁止。

食物经咀嚼后，香味和部分营养成分已受损失。嚼碎的食糜，宝宝囫囵吞下，未经自己的唾液充分搅拌，不仅食不知味，而且加重了胃肠负担，从而造成营养缺乏及消化功能紊乱。

影响宝宝口腔消化液的分泌功能，使咀嚼肌得不到良好的发育。宝宝自己咀嚼可以刺激牙齿的生长，同时还可以反射性地引起胃内消化液的分泌，以帮助消化，提高食欲。口腔内的唾液也可因咀嚼而产生更多分泌物，更好地滑润食物，使吞咽更加顺利进行。

会使宝宝感染某些呼吸道的传染性疾病。如果大人患有流感、流脑、肺结核等疾病，自己先咀嚼后再嘴对嘴地喂宝宝，很容易经口腔、鼻腔将病菌或病毒传染给宝宝。

会使宝宝患消化道传染病。即使是健康的成人，体内及口腔中也常常寄带一些病菌。病菌可以通过食物，由大人口腔传染给宝宝。大人因抵抗力强，虽然带有病菌也可以不发病，而宝宝的抵抗力差，病菌到了他的体内，就会发生如肝炎、痢疾、肠寄生虫等疾病。

让宝宝自己"动手"，吃饭会更香

从六七个月开始，有些宝宝就已经开始自己伸手尝试抓饭吃了，许多妈妈都会竭力纠正这样"没规矩"的动作。实际上，只要将手洗干净，妈妈应该让1岁以内的宝宝用手抓食物来吃，这样有利于宝宝以后形成良好的进食习惯。

▶ 亲手接触食物才会熟悉食物

宝宝学"吃饭"实质上也是一种兴趣的培养，这和看书、玩耍没有什么两样。起初，他往往喜欢用手来拿食物、抓食物，通过"摸"等动作初步熟悉食物。用手拿、用手抓，就可以掌握食物的形状和特性。从科学的角度而言，根本就没有宝宝不喜欢吃的食物，只是在于接触次数的频繁与否。而只有这样反复"亲手"接触，他对食物才会越来越熟悉，将来就不太可能挑食。

▶ 自己动手吃饭有利于宝宝双手的发育

宝宝在自己吃饭时，可以训练双手的灵巧性，而且宝宝自己吃饭的行为过程，可以加速宝宝手臂肌肉的协调和平衡能力。

▶ 手抓饭让宝宝对进食有兴趣

手抓食物的过程对宝宝来说就是一种娱乐，只要将手洗干净，妈妈们甚至应该允许1岁以内的宝宝"玩"食物，比如，米糊、蔬菜、土豆等，以培养宝宝自己挑选、自己动手的愿望。这样做会使宝宝对食物和进食信心百倍、更有兴趣，促进食欲。

黄瓜汁

制作时间：10 分钟
制作难度：★

原料

黄瓜 1/2 根。

做法

1. 将黄瓜去皮，用擦菜板擦丝。

2. 用干净纱布包住黄瓜丝挤出汁来。也可用榨汁机榨。

功能

黄瓜肉质脆嫩，汁多味甘，生食生津解渴，且有特殊芳香。黄瓜含水分为 98%，富含蛋白质、糖类、维生素 B_2、维生素 C、维生素 E、胡萝卜素、钙、磷、铁等营养成分。

橘 汁

原料

鲜橘子、温开水各适量。

做法

1. 将鲜橘子洗净，切成两半，放在榨汁机中榨出橘汁。

2. 加入温开水即可。

功能

鲜橘汁色泽金黄，酸甜适口，含有丰富的葡萄糖、果糖、蔗糖、苹果酸、柠檬酸以及胡萝卜、维生素 B_1 和维生素 B_2、烟酸、维生素 C 等，特别是维生素 C 含量丰富。

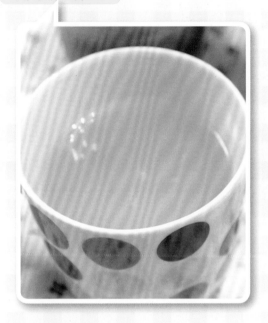

草莓汁

原料

草莓 3 ~ 4 个（约 50 克），水 20 毫升。

做法

将草莓洗净、切碎，放入小碗，用勺碾碎，然后倒入过滤漏勺，用勺挤出汁，加水拌匀。

功能

草莓中所含的胡萝卜素是合成维生素 A 的重要物质，具有养肝明目的作用。草莓还有丰富的果胶和不溶性纤维，可以帮助消化、通畅大便。

奶藕羹

制作时间：10 分钟
制作难度：★

原料

冲调好的配方奶 150 毫克，藕粉 50 克，水适量。

做法

1. 将藕粉用水调成糊状。

2. 把配方奶和藕粉倒入锅中，用微火边煮边搅，直至搅成透明状，晾凉后即可食用。

功能

藕粉含有丰富的蛋白质以及多种维生素。但是宝宝吃藕粉不宜过多。

胡萝卜汁

制作时间：20 分钟
制作难度：★

原料

胡萝卜 1 根，水 30~50 毫升。

做法

1. 将胡萝卜洗净，切成小块。

2. 将胡萝卜放入小锅内，加水沸煮，再用小火煮 10 分钟；过滤后将汁倒入小碗。

功能

胡萝卜含有丰富的胡萝卜素、维生素 A 和 B 族维生素，还富含钙、铁、磷等维生素和矿物质。

米粥油

原料

小米或粳米 100 克。

做法

1. 把米淘洗干净，大火煮开，再改成小火慢慢熬成粥。

2. 粥熬好后，放置 5 分钟，然后用平勺舀取上面不含米粒的米粥油，待温度适中即可喂给宝宝。

功能

小米和粳米熬成的米粥油富含维生素，且口感好，是幼小宝宝理想的辅食。

43

玉米毛豆糊

原料

鲜玉米 20 克，鲜毛豆 10 克。

做法

将玉米、毛豆洗净打成糊，加入锅内煮沸，再煮 10 分钟即可。

功能

毛豆营养丰富，其中所含的卵磷脂是大脑发育不可缺少的营养之一，有助于改善宝宝大脑的记忆力和智力水平。毛豆中的钾含量很高，夏天食用可以帮助弥补因出汗过多而导致的钾流失。毛豆中的铁易于吸收，可以作为宝宝补充铁的食物之一。玉米中所含的胡萝卜素，被人体吸收后能转化为维生素 A。

您有一条苦宝贝来信：

毛豆必须煮熟，否则容易中毒。

米粉糊

原料

营养米粉 10 克，冲好的配方奶或水 70 毫升。

做法

1. 将奶或水加热至沸腾，倒入碗中略晾温。

2. 将营养米粉慢慢倒入，一边倒一边搅至黏稠。

功能

米粉糊中铁含量高，好吸收，有助于促进造血功能，米粉还富含蛋白质、碳水化合物等成分。

苹果泥

原料

苹果 100 克；温开水适量。

做法

1. 将苹果洗净、去皮，然后用刮子或匙慢慢刮成泥状即可喂食。

2. 或者将苹果洗净、去皮，切成黄豆大小的碎丁，加入温开水适量，上蒸笼蒸 20~30 分钟，待稍凉后即可喂食。

功能

苹果含有丰富的矿物质和多种维生素。宝宝吃苹果泥可补充钙、磷，预防佝偻病，还具有健脾胃、补气血的功效。

香蕉泥

制作时间：10 分钟
制作难度：★★

原料

香蕉 1/5 根（最好是香蕉中段）。

做法

香蕉洗净，剥去白丝，切成小块，放入小碗，用勺碾成泥。

功能

香蕉泥含有丰富的碳水化合物、蛋白质，还富含钾、钙、磷、铁及维生素 A、维生素 B_1 和维生素 C 等，可起到润肠、通便的作用。

蛋黄泥

制作时间：15 分钟
制作难度：★

原料

鸡蛋 1 个，水或奶 2 勺。

做法

1. 将鸡蛋放入凉水中煮沸，中火再煮 5~10 分钟至熟。

2. 放入凉水中，剥壳取出蛋黄。

3. 加入水或奶，用勺调成泥状。

功能

蛋黄营养丰富，既富含卵磷脂，又富含铁。

南瓜泥

制作时间：20 分钟
制作难度：★

原料

南瓜 20 克，米汤 2 勺，油适量。

做法

1. 将南瓜削皮、去籽。

2. 淋点油清蒸（不加油会影响胡萝卜素的吸收），不要加水，蒸好后研成泥，加米汤调和。也可将南瓜和米汤放入锅内用文火煮。

功能

南瓜的营养价值主要表现在它含有较丰富的维生素，其中含量较高的有胡萝卜素、维生素 B_1、维生素 B_2 和维生素 C；此外，还含有一定量的铁和磷。这些物质对维护机体的生理功能有重要作用。

菠菜糊

原料

菠菜 30 克，米粉适量，油少许。

做法

1. 菠菜用开水焯过后，切碎，打汁。

2. 米粉加菠菜汁调成稀糊状。

3. 锅内加少量水，等水开后将调好的菠菜糊倒进锅内，边倒边搅拌，煮沸后淋上油再煮一会即可。

功能

菠菜中含有丰富的胡萝卜素、维生素 C、钙、磷及一定量的铁、维生素 E 等有益成分，能供给人体多种营养物质。常食菠菜对缺铁性贫血者有益。

绿豆小·米粥

制作时间：40 分钟
制作难度：★

原料

绿豆、小米、大米、糯米各 10 克。

做法

1. 将绿豆洗净，浸泡 2 小时；小米、大米、糯米清洗。

2. 所有原料放入锅内，加水，旺火烧开，转微火煮 40 分钟。

3. 关火，焖 10 分钟左右，用勺子搅拌均匀即可。

功能

绿豆富含蛋白质、膳食纤维、维生素 E 以及钙、铁、磷、钾等微量元素。

鱼肉泥

制作时间：20 分钟
制作难度：★

原料

净鱼肉 50 克，水 100 毫升。

做法

1. 将鱼肉洗净，加水清炖 15 ～ 20 分钟。

2. 肉熟透后剔净皮、刺，用小勺弄成泥状即可。

功能

鱼肉营养价值极高，鱼类所含有的 DHA 有助于宝宝大脑的发育。经研究发现，宝宝经常食用鱼类，其生长发育比较快，智力发展也比较好。

豆腐泥

制作时间：20 分钟
制作难度：★★

原料

豆腐 50 克，肉汤适量。

做法

将豆腐放入锅内，加入少量肉汤，边煮边用勺子将豆腐研碎。煮好后放入碗内，研至光滑即可喂食。

功能

豆腐中蛋白质含量丰富，质地优良，既易于消化吸收，又能促进宝宝生长。豆腐还含有多种维生素、钙、镁、糖类等营养素。

小·米蛋花粥

制作时间：40 分钟
制作难度：★

原料

小米适量，鸡蛋 1 个。

做法

1. 将鸡蛋磕入碗中，搅成鸡蛋液。

2. 将水倒入锅内，烧开后，把洗净的小米倒入开水中。

3. 待水再开时，改用小火慢煮 30 分钟，打入鸡蛋液即可。

功能

这道粥不仅蛋白质、氨基酸、矿物质含量高，消化吸收率也高。既可以提起宝宝的胃口，又能补充多种营养。

燕麦粥

制作时间：15 分钟
制作难度：★

原料

燕麦片 30 克，开水 100 克，婴儿配方奶粉适量。

做法

1. 把燕麦片慢慢地倒入开水锅中，盖上盖煮 10 分钟。

2. 加入婴儿配方奶粉，调成稠度适宜的麦片粥。

功能

燕麦片中含有较丰富的钙、磷、铁、锌和膳食纤维，有促进宝宝骨骼生长，预防贫血，提升皮肤的屏障功能和软化大便的辅助作用。和配方奶搭配，可保证营养的全面性，有利于宝宝的生长需要。

蛋花豆腐羹

制作时间：20 分钟
制作难度：★

原料

鸡蛋黄 1 个，南豆腐 20 克，骨汤 150 克。

做法

1. 将蛋黄打散，豆腐捣碎。

2. 小奶锅里加一点水煮开，放入捣碎的豆腐煮熟，再倒入蛋黄液，边倒边搅拌，将蛋花煮熟即可。

功能

可提供维生素 A、维生素 E 和丰富的钙，铁等。

吃点五谷身体更强壮

和周忠蜀医生谈辅食

Q 我家宝宝7个月了，之前吃辅食吃的好好的，最近吃辅食不老实，吃吃吐吐的，这是怎么回事呢？

A 宝宝吃辅食不老实，很可能是要长乳牙了，因为宝宝还小，牙龈比较脆弱，可以给宝宝吃手指饼干，代替磨牙棒，缓解宝宝长牙的不适症状。除了长牙，还可能是宝宝逐渐长大，有了自己的主见，喜欢吃什么，不喜欢吃什么有了自己的判断，妈妈可以做多一些辅食，让宝宝挑选。

宝宝的营养需求

第 7 个月的宝宝对各种营养的需求继续增长。鉴于大部分宝宝已经开始出牙，在喂食的类别上可以开始以谷物类为主要辅食，再配上蛋黄、鱼肉或肉泥，以及碎菜、碎水果或胡萝卜泥等。在做法上要经常变换花样，以引起宝宝的兴趣。

一日营养计划

上午	6：00　母乳或配方奶 200 ~ 220 毫升，馒头片（面包片）15 克
	9：30　饼干 15 克，母乳或配方奶 120 毫升
下午	12：00　肝泥粥 40 ~ 60 克
	15：00　面包 15 克，母乳或配方奶 150 毫升
	18：30　番茄鸡蛋面 60 ~ 80 克，水果泥 20 克
晚上	21：00　母乳或配方奶 200 ~ 220 毫升
鱼肝油	每天 1 次
其他	保证饮用适量白开水

是时候吃点五谷了

米粉是妈妈给宝宝添加的第一种也是最主要的一种辅食，但从营养的角度考虑，在宝宝长出牙齿后就应该考虑让宝宝吃一些五谷杂粮了。

▶ 精粮养不出壮儿

米粉是精制的大米制成的，大米的主要营养在外皮中。在精制的过程中，包在大米外面的麸皮以及外皮中的营养成分都被剥离，最后剩下的精米的营养成分主要以淀粉为主。中国古话说的"精粮养不出壮儿"，其实就是这个道理。

▶ 米粉的营养不如天然的食物吸收好

婴儿米粉中的营养是在后期加工中添进去的，也就是所谓的强化辅食，当然这也可以给宝宝吃，但其吸收不如天然状态的食物好。

▶ 五谷杂粮中维生素B₁含量最高

经常有许多妈妈说宝宝晚上常哭吵，胃口又不好，以为是缺钙，可是在补充鱼肝油、钙剂一段时间后，宝宝还是吵闹。其实宝宝不是缺钙，而是缺少维生素B₁，维生素B₁在五谷杂粮中含量最高，所以，给宝宝吃五谷杂粮是非常重要的。

📖 这样吃粗粮，宝宝更健康

五谷杂粮又被叫做粗粮，是相对于我们平时吃的大米、白面等细粮而言，主要包括谷类中的玉米、小米、紫米、高粱、燕麦、荞麦、麦麸以及各种干豆类，如黄豆、青豆、红豆、绿豆等。宝宝7个月后就可以吃一点粗粮了，但添加需科学合理。

▶ 酌情、适量

如宝宝患有胃肠道疾病时，要吃易消化的低膳食纤维饭菜，以防止发生消化不良、腹泻或腹部疼痛等症状。1岁以内的宝宝，每天粗粮的摄入量不可过多，以10～15克为宜。对比较胖或经常便秘的宝宝，可适当增加膳食纤维摄入量。

▶ 粗粮细作

为使粗粮变得可口，以增进宝宝的食欲、提高宝宝对粗粮营养的吸收率，从而满足宝宝身体发育的需求，妈妈可以把粗粮磨成面粉、压成泥、熬成粥，或与其他食物混合加工成花样翻新的美味食品。

▶ 科学混吃

科学地混吃食物可以弥补粗粮中的植物蛋白质所含的赖氨酸、蛋氨酸、色氨酸、苏氨酸低于动物蛋白质这一缺陷，取长补短。如八宝粥、腊八粥、玉米红薯粥、小米山药粥等，都是很好的混合食品，既提高了营养价值，又有利于宝宝胃肠道消化吸收。

但是，要避免大量集中地或者频繁地食用粗粮。

▶ 多样化

食物中任何营养素都是和其他营养素一起发挥作用的，所以宝宝的日常饮食应全面、均衡、多样化，限制脂肪、糖、盐的摄入量，适当增加粗粮、蔬菜和水果的比例，并保证优质蛋白质、碳水化合物、多种维生素及矿物质的摄入，只有这样，才能保证宝宝的营养均衡合理，有益于宝宝健康地生长发育。

▶ 哪些体质的宝宝适合多吃粗粮

每个宝宝可以根据个人情况每周规律地吃一点粗粮。长得胖、爱吃肉、不爱吃青菜、大便偏干的宝宝，可以多吃一两顿；而长得瘦小、容易腹泻，或吃肉蛋奶较少的宝宝，就不适合过多吃粗粮，以免影响钙、铁、锌等营养素的吸收，增加营养不良的隐患。

妈妈可能遇到的问题

什么时候可以给宝宝添加固体辅食

5个月前的宝宝由于牙齿尚未长出，消化道中淀粉等食物的酶分泌量较低，肠胃功能还较薄弱，神经系统和嘴部肌肉的控制力也较弱，所以一般吃流质辅食比较好。但到7个月时，大部分宝宝已长出2颗牙，其口腔内、胃肠道内能消化淀粉类食物的唾液酶的分泌功能也已日趋完善，咀嚼能力和吞咽能力都有所提高，舌头也变得较灵活，此时就可以让宝宝锻炼着吃一些固体辅食了。

 您有一条芝宝贝来信：

有的宝宝吃粗粮后，可能出现暂时性腹胀和过多排气等现象，这是一种正常的生理反应，逐渐适应后，胃肠会恢复正常，妈妈不用担心。

宝宝食欲减退怎么办

刚开始添加辅食时，宝宝可能吃得好好的，但7~9个月时食欲会突然减退，甚至连母乳或配方奶也不想吃。发生这种情况的原因是多方面的。

1. 现在宝宝体重增加的速度比前半年慢，食物需要量相对少一些；

2. 陆续出牙引起不适；

3. 对食物越来越挑剔；

4. 宝宝自己开始有主见，有时会下意识地要拒绝吃东西。

对这种情况，只要排除了疾病和偏食因素，就应该尊重宝宝的意见。食欲减退与厌食不同，可能是暂时的现象，不足为奇。妈妈过于紧张或强迫宝宝吃，会增强宝宝的厌食心理，使食欲减退现象持续更长时间。

宝宝厌食怎么办

宝宝厌食是妈妈比较头痛的问题，辅食阶段的宝宝食品来源单一，一旦拒吃辅食，妈妈肯定十分着急。可是急是没有用的，妈妈可以根据以下几条线索，找到宝宝不爱吃辅食的原因，然后"对症下药"。

▶ **患病**

宝宝健康状况不佳，如感冒、腹泻、贫血、缺锌、患急慢性或感染性疾病等，往往会影响宝宝的食欲，这种情况，妈妈就需要请教医生进行综合调理。

▶ **饮食单调**

有些宝宝会因为妈妈添加的食物色、香、味不好而食欲不振。所以，妈妈在制作宝宝辅食时需要多花点儿心思，让宝宝的食物多样化，即使相同的食物也尽量多做些花样出来。

▶ **爱吃零食**

平时吃零食过多或饭前吃了零食的情况在厌食宝宝中最为多见。一些宝宝每天在正餐前吃大量的高热量零食，特别是饭前吃巧克力、糖、饼干、点心等，虽然量不大，但宝宝血液中的血糖含量过高，没有饥饿感，所以到了吃正餐的时候就根本没有胃口，过后又以点心充饥，造成恶性循环。所以，给宝宝吃零食不能太多，尤其注意不能让宝宝养成饭前吃零食的习惯。

▶ **寝食不规律**

有的宝宝晚上睡得很晚，早晨八九点不起床，耽误了早饭，所以午餐吃得过多，这种不规律的饮食习惯会使宝宝胃肠极度收缩后又扩张，造成宝宝胃肠功能紊乱。妈妈应着手调整宝宝的睡眠时间，培养宝宝规律的作息时间。

▶ **喂养方法不当**

厌食还与妈妈对宝宝进食的态度有关。有的妈妈认为，宝宝吃得多对身体有好处，就想方设法让宝宝多吃，甚至端着碗逼着吃。久而久之，宝宝会对吃饭形成一种恶性条件反射，见饭就想逃避。

▶ **宝宝情绪紧张**

家庭不和睦、爸妈责骂等，使宝宝长期情绪紧张，也会影响宝宝的食欲。

 您有一条苣宝贝来信：

如果总是给宝宝进食流质食物，就会推迟牙齿的萌出，也会妨碍咀嚼能力的提高。

吃得香才能身体棒，怎样让宝宝爱上辅食

▶ 示范如何咀嚼食物

最初给宝宝喂辅食时，宝宝因为不习惯咀嚼，往往会用舌头将食物往外推。在这时妈妈要给宝宝示范如何咀嚼食物并且吞下去；可以放慢速度多试几次，让宝宝有更多的学习机会。

▶ 别喂太多或太快

一次喂食太多不但易引起消化不良，而且会使宝宝对食物产生排斥，所以，妈妈应按宝宝的食量喂食，速度不要太快，喂完食物后，应让宝宝休息一下，不要有剧烈的活动，也不要马上喂奶。

▶ 品尝各种新口味

饮食富于变化能刺激宝宝的食欲。妈妈可以在宝宝原本喜欢的食物中加入新食材，分量和种类应由少到多；逐渐增加辅食种类，让宝宝养成不挑食的好习惯；宝宝讨厌某种食物，妈妈应在烹调方式上多换花样；宝宝长牙后喜欢咬有咀嚼感的食物，不妨在这时把水果泥改成水果片；食物也要注意色彩搭配，以激起宝宝的食欲，但口味不宜太重。

▶ 学会食物代换

宝宝对食物的喜好并不是绝对的，如果宝宝排斥某种食物，妈妈不应将其彻底"封杀"，也许宝宝只是暂时性不喜欢，正确的做法是先停止喂食，隔段时间再让宝宝吃，在此期间，可以喂给宝宝营养成分相似的替换品。

▶ 别在宝宝面前品评食物

模仿是宝宝的天性，大人的一言一行、一举一动都会成为宝宝模仿的对象，所以妈妈不应在宝宝面前挑食及品评食物的好坏，以免养成他偏食的习惯。

▶ 重视宝宝的独立心

宝宝在半岁之后渐渐有了独立心，会尝试自己动手吃饭，这时，妈妈不应武断地坚持给宝宝喂食，而应鼓励宝宝自己拿汤匙进食，也可烹制易于宝宝手拿的食物，甚至在小手洗干净的前提下可以允许宝宝用手抓饭吃，久而久之，宝宝探究食物的欲望得到了满足，食欲也会更加旺盛。

多大的宝宝才可以吃零食

主食以外的糖果、饼干、点心、饮料、水果等就是零食。已经能够吃一些固体辅食的 7 个月大的宝宝，也可以适当吃一些零食了。

零食可以满足宝宝的口欲

7 个月左右的宝宝基本上处于口欲阶段，喜欢将任何东西都放入口中，以满足心理需要。吃零食既可以在一定程度上满足宝宝的这种欲望，也能避免宝宝把不卫生的或危险的东西放入口中。适当地吃点零食还能为断奶做准备。

零食对宝宝的成长和学习有着重要的调节作用

从食用方式的角度而言，零食和正餐的一个重要区别就在于，正餐基本上都是由大人喂给宝宝吃的，而零食是由宝宝自己拿着吃的，零食的这一特点对宝宝学习独立进食是个很好的训练机会。

宝宝吃零食一定要适量

虽然吃零食对宝宝有一定的好处，但不能不停地给宝宝吃零食。因为宝宝的胃容量很小，消化能力有限；宝宝口中老是塞满食物容易发生龋齿，尤其是含糖食品，会影响食欲和营养的吸收。此外，如果宝宝手里老是拿着零食，做游戏的机会就会相应减少，学讲话的机

会也会减少，久而久之会影响语言能力及社会交往能力的发展。

您有一条芝宝贝来信：

宝宝吃零食的时间最好放在两次正餐中间。既不会影响宝宝的正常饮食，也不会让宝宝在两餐之间感到饥饿。

乳牙萌发，良好的饮食习惯是关键

一般宝宝在 6 ~ 8 个月时开始长出 1 ~ 2 个门牙。宝宝长牙后，妈妈要注意以下几个方面，以使其拥有良好的牙齿及用牙习惯。

及时添加有助于乳牙发育的辅食

宝宝长牙后，就应及时添加一些既能补充营养又能帮助乳牙发育的辅食，如饼干、手指饼干、烤馒头片等，以促进乳牙的萌出。

要少吃甜食

因为甜食易被口腔中的乳酸杆菌分解，产生酸性物质，破坏牙釉质。

纠正不良习惯

如果宝宝有吸吮手指、吸奶嘴等不

良习惯，应及时纠正，以免造成牙位不正或前牙发育畸形。

▶ 注意宝宝口腔卫生

从宝宝长牙开始，妈妈就应注意宝宝的口腔清洁，每次进食后可用干净湿纱布轻轻擦拭宝宝牙龈及牙齿。宝宝1周岁后，妈妈就应该教他练习漱口。刚开始漱口时宝宝容易将水咽下，可用凉开水漱口。

宝宝长牙好痛苦，试试可以磨牙的辅食吧

4~7个月的宝宝，如果之前还是安安静静的，最近突然开始流口水，烦躁不安，喜欢咬坚硬的东西或总是啃手，这说明宝宝开始长牙了，这时，妈妈需要给宝宝吃一些能促使牙齿萌出的辅食。

7个月

用手按摩宝宝牙床

妈妈可以洗净自己的手，用手指轻轻来回按摩宝宝的牙床，以此来减轻宝宝的疼痛，而且小宝宝也喜欢用牙齿啃咬妈妈的手，可以作为亲子游戏的互动。用这个办法还可以及时检测宝宝长牙的情况。

给宝宝准备磨牙的辅食

▶ 水果条、蔬菜条

新鲜的苹果、黄瓜、胡萝卜或西芹切成手指粗细的小长条，清凉又脆甜，不仅能缓解宝宝长牙的痛苦，还能补充维生素，可谓宝宝磨牙的上品。

▶ 柔韧的条形地瓜干

地瓜干是寻常可见的小食品，正好适合宝宝的小嘴巴咬，价格又便宜，是宝宝磨牙的优选食品之一。如果怕地瓜干太硬伤害宝宝的牙床，妈妈只要在米饭煮熟后，把地瓜干撒在米饭上焖一焖，地瓜干就会变得又香又软了。

▶ 磨牙饼干、手指饼干或其他长条形饼干

磨牙饼干、手指饼干或其他长条形饼干等，既可以满足宝宝咬的欲望，又可以让宝宝练习自己拿着东西吃，也是宝宝磨牙的好食品。需要注意的是，妈妈不要选择口味太重的饼干，以免破坏宝宝的味觉培养。

牛奶鸡蛋糊

制作时间：15 分钟

制作难度：★

原料

　　牛奶 250 毫升，鸡蛋 1 个。

做法

　　1. 把牛奶先倒入小奶锅里，然后打入鸡蛋。

　　2. 开小火按顺时针方向不停地搅动，直至冒起小泡成为奶糊，晾凉后即可喂食宝宝。

功能

　　牛奶的营养价值很高，所含矿物质种类也非常丰富，最难得的是，牛奶是人体钙的最佳来源，而且钙磷比例非常适当，利于钙的吸收，适合刚添加辅食的小宝宝食用。

鸡肝泥

制作时间：20 分钟
制作难度：★

原料

鸡肝 150 克，鸡架汤适量。

做法

1. 将鸡肝放入水中煮，除去血后再换水煮 10 分钟，取出剥去鸡肝外皮，将鸡肝放入碗内研碎。

2. 将鸡架汤倒入锅内，加入研碎的鸡肝，煮成糊状搅匀即可。

功能

鸡肝营养丰富，尤其是维生素 A、铁含量较高，可防治宝宝贫血和维生素 A 缺乏。

茯苓饼

制作时间：30 分钟
制作难度：★

原料

茯苓 20 克，糯米粉 50 克，白砂糖 10 克，清水适量。

做法

1. 把全部原料放入小盆内，加清水适量调成糊。

2. 在平底锅上用文火摊烙成薄煎饼，随量食用。

功能

茯苓有宁心安神的作用，如果宝宝经常睡不踏实，易烦躁，可以给宝宝食用少量茯苓饼。

虾 泥

制作时间：20 分钟
制作难度：★★

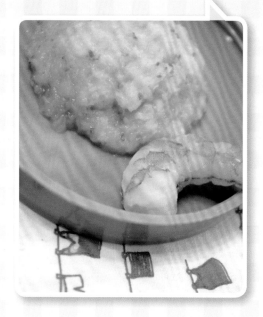

原料

　　鲜海虾 2 只，油少许，水适量。

做法

　　1. 把虾仁剥出，清洗干净。

　　2. 用刀背将虾仁打成泥，放少量水，淋上油，上锅蒸 10 分钟即可。

功能

　　虾除含有蛋白质、钙、铁、磷等之外，还富含维生素 B_1、维生素 B_2、维生素 E 等。

扇贝小·米粥

制作时间：30 分钟
制作难度：★★

原料

　　扇贝 2 个，小米 50 克。

做法

　　1. 将小米洗净晾干，再打成稍碎，再泡 20 分钟。

　　2. 扇贝只取扇贝肌（就是与两壳连接的白色的圆柱，也叫贝柱），煮 10 分钟，取出研碎，再放入汤中。

　　3. 泡好的小米放入扇贝汤中同煮成糊状即可。

功能

　　扇贝的营养价值极高，富含维生素、蛋白质。小米含丰富的大脑所需营养。

水果藕粉

原料

藕粉、苹果、桃子、清水各适量。

做法

1. 将藕粉用水调匀；苹果、桃子洗净、削皮、去核，切成极细的末备用。

2. 将藕粉倒入锅内，用微火慢慢熬煮，边熬边搅拌，直到熬至透明为止。

3. 加入切碎的水果，稍煮片刻即可。

功能

此羹味道香甜，含有丰富的碳水化合物、钙、磷、铁和多种维生素，营养价值较高，且易于消化吸收。

牛奶玉米粥

制作时间：15 分钟

制作难度：★

原料

牛奶 250 克，玉米粉 50 克，鲜奶油 10 克，黄油 5 克。

做法

1. 将牛奶倒入锅内，用小火煮开，撒入玉米粉，用勺不断搅拌，用小火再煮 3 ~ 5 分钟直至变稠。

2. 将粥倒入碗内，加入黄油和鲜奶油，搅匀，晾凉后喂食。

此粥黏稠，味美适口，含有丰富的优质蛋白质、脂肪、钙、磷、铁及维生素 A、维生素 D、维生素 B_1、维生素 B_2 和烟酸等。

芝麻粥

制作时间：30 分钟

制作难度：★

原料

黑芝麻、大米、白砂糖适量。

做法

黑芝麻炒熟后研碎；大米淘洗干净，用开水浸泡 1 小时，再加入适量开水煮至米酥汤稠，加入研碎的黑芝麻粉，继续稍煮片刻，加入白砂糖。

功能

黑芝麻有"仙家食品"之称，具有滋补肝肾、利肠通便的功效。

胡萝卜奶羹

制作时间：30 分钟

制作难度：★

原料

胡萝卜 25 克，婴儿米粉 25 克。

做法

1. 将胡萝卜切丝，炒熟，捣成泥。

2. 米粉和胡萝卜泥调成糊状即可。

功能

这道辅食可提供能量 130 千卡（占全天需要的能量 15%）。其中的钙、磷、β-胡萝卜素、脂肪、碳水化合物和蛋白质含量较丰富。

肉松粥

制作时间：30 分钟
制作难度：★

原料

大米、肉松、菠菜各适量。

做法

1. 大米洗净后用水浸泡 2 个小时，加入适量的水，大火烧开，微火慢慢熬成粥。

2. 菠菜用开水烫一下后切成末，与肉松一起放入粥内，继续熬几分钟即可。

功能

肉松的主要营养成分是蛋白质和多种矿物质，胆固醇含量低，蛋白质含量高，同时肉松香味浓郁，味道鲜美，生津开胃。

鲜红薯泥

制作时间：30 分钟
制作难度：★

原料

红薯 50 克，水适量。

做法

1. 将红薯洗净，去皮，切碎捣烂。

2. 稍加温水，放入锅内煮 15 分钟左右，至烂熟。

功能

红薯含有丰富的膳食纤维、胡萝卜素、维生素、淀粉以及钾、铁、铜、硒、钙等十余种微量元素，营养价值很高。味道甜，宝宝会很爱吃，但不要让宝宝吃得太多，每次 2 ～ 4 勺比较合适。

平鱼肉羹

制作时间：40 分钟

制作难度：★★

原料

    平鱼 1 条，土豆 1 个，高汤 100 克，淀粉适量。

做法

    1. 将平鱼清洗干净后，剔除鱼刺，放入高汤锅中煮熟，然后将鱼肉研成泥糊状，备用。

    2. 土豆洗净，煮熟，剥皮，研成泥。

    3. 鱼肉泥、土豆泥再入锅，放少许高汤煮开，用淀粉勾薄芡后即可出锅。

功能

    平鱼含有丰富的不饱和脂肪酸及微量元素硒和镁，经常吃鱼对宝宝的大脑发育大有好处。平鱼肉厚刺少，肉质细嫩而又营养丰富，是宝宝辅食很不错的选择。

鱼泥

原料

　　新鲜草鱼或鲤鱼 1 条，淀粉少许。

做法

　　1. 将清洗干净的鱼切成小块，加入适量的清水大火煮熟，然后去掉鱼刺和鱼皮，放入碗中捣碎。

　　2. 加入鱼汤再煮几分钟，加入调好的淀粉水一起搅拌均匀，煮到糊状即可。

功能

　　鱼肉营养价值极高，鱼肉所含有的 DHA 有助于宝宝大脑的发育。经研究发现，宝宝经常食用鱼类，其生长发育比较快，智力的发展也比较好。

番茄鱼泥

制作时间：40 分钟

制作难度：★★

原料

新鲜鱼（一般选用鱼刺少的海鱼）30克，鱼汤 2 大勺，淀粉、番茄酱各少许。

做法

1. 将新鲜鱼洗干净，放入热水中煮熟。

2. 捞出鱼，去骨刺和鱼皮，然后放入小碗内，用小勺背研碎。

3. 把研碎的鱼肉和鱼汤一起放锅内煮，淀粉加水，并加入少许番茄酱调匀，倒入锅中搅拌，煮至黏稠状停火，即可食用。

功能

番茄鱼泥补脑益智，和胃健脾，能促进宝宝的大脑发育。

南瓜粥

制作时间：40 分钟

制作难度：★

原料

南瓜 50 克，大米 50 克，水适量。

做法

1. 将洗净的南瓜置于盘子内，上锅蒸熟后碾成泥状备用。

2. 将大米洗净浸泡 1 小时左右，放入开水锅中煮熟。

3. 放入南瓜泥，搅拌均匀成糊状，晾凉后即可进食。

功能

南瓜中的甘露醇有通便功效，所含果胶可减缓糖类的吸收。

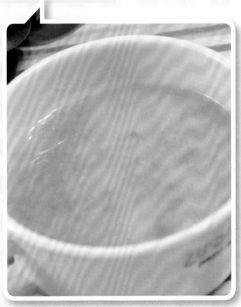

红枣山药粥

制作时间：30 分钟
制作难度：★

原料

糯米 100 克，山药 50 克，干红枣 2 颗。

做法

1. 山药去皮，切块；干红枣浸泡去核；糯米洗净，浸泡 20 分钟。

2. 糯米用旺火烧开，再用微火熬 15 分钟，八成熟的时候放入山药块、红枣，继续熬制 20 分钟即可。

功能

糯米含有蛋白质、钙、铁、磷、维生素 B_1、维生素 B_2 等营养素，可以缓解宝宝脾胃虚寒、食欲不振、腹胀腹泻等症状。

苹果葡萄露

制作时间：10 分钟

制作难度：★

原料

葡萄 200 克，苹果 1/2 个。

做法

1. 将苹果洗净切块，葡萄洗净。

2. 将苹果、葡萄放入榨汁机中榨汁。

功能

葡萄中的糖主要是葡萄糖，能很快被人体吸收，可预防低血糖。苹果中含有多种维生素、矿物质、糖类、脂肪等，对宝宝生长发育有益。

豆腐羹

制作时间：15 分钟

制作难度：★

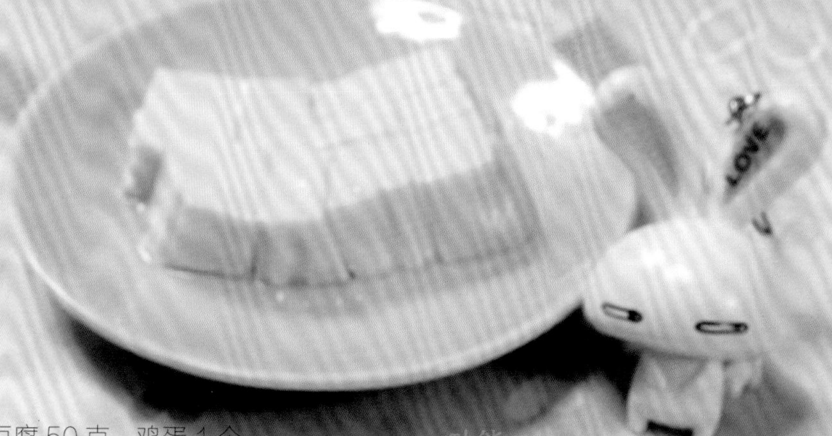

原料

嫩豆腐 50 克，鸡蛋 1 个。

做法

1. 将嫩豆腐切成小块，放入碗内，再将鸡蛋打进去一起打成糊。

2. 加入适量清水搅拌均匀，用大火蒸 10 分钟即可。

功能

豆腐营养物质丰富，尤其是蛋白质含量较多，还含有 8 种人体必需氨基酸，以及不饱和脂肪酸、卵磷脂等。

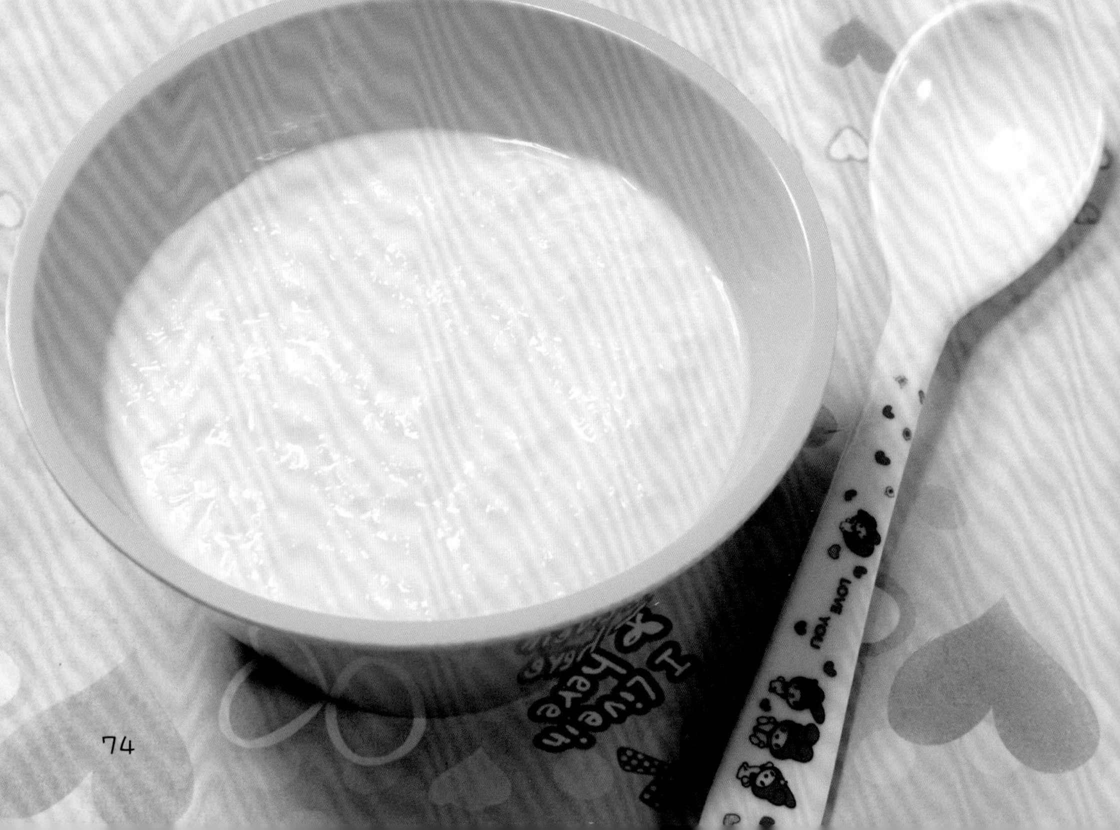

PART4

爬得好累啊
加点儿能量吧

和周忠蜀医生谈辅食

Q 打算给宝宝断奶了，又怕宝宝一时接受不了怎么办？

A 可以说，在某种程度上给宝宝断奶是从宝宝第一次吃辅食的时候就已经开始了。在宝宝逐步适应了辅食之后，妈妈要逐渐减少母乳的喂养次数和数量，当宝宝吃的辅食完全可以满足营养需求的时候，断奶是完全可以的。但是不要在宝宝生病的时候或者夏天的时候断奶。

宝宝的营养需求

宝宝第 8 个月时，妈妈乳汁的质和量都已经开始下降，难以完全满足宝宝生长发育的需要。所以添加辅食显得更为重要。从这个阶段起，可以让宝宝尝试更多种类的食品。由于此阶段大多数宝宝都在学习爬行，体力消耗也较多，所以应该供给宝宝更多的碳水化合物、脂肪和蛋白质类食品。

一日营养计划

上午	6 ： 00	母乳或配方奶 200 ~ 220 毫升，馒头片（面包片）25 克
	9 ： 30	馒头 20 克，鸡蛋羹 20 克，母乳或配方奶 120 毫升
	10 ： 30	果泥 50 克
下午	12 ： 00	小馄饨 50 克
	15 ： 00	蛋糕 20 克，母乳或配方奶 120 毫升
	18 ： 30	肉末胡萝卜汤 60 克，番茄鸡蛋面 60 ~ 80 克，果泥 20 克
晚上	21 ： 00	母乳或配方奶 200 ~ 220 毫升
鱼肝油	每天 1 次	
其他	保证饮用适量白开水	

妈妈可能遇到的问题

😊 宝宝肚子痛可能是缺钙了

国外有关专家指出，人体中1%的钙存在于软组织和细胞外液中，这部分钙量虽小，作用却很大。如果血液中游离钙离子偏低，神经肌肉的兴奋就会增高，此时，肠壁的平滑肌受到轻微的刺激就会产生强烈收缩，即肠痉挛而引起腹痛。由此可见，宝宝腹痛也有可能是缺钙。为防止宝宝缺钙性腹痛，平时要多吃些富含钙的食物，如乳类、蛋类、豆制品、海产品等。

😊 别给宝宝吃"汤泡饭"

有的妈妈觉得汤中营养丰富，而且宝宝容易消化，喜欢给宝宝吃"汤泡饭"，其实，这是一个错误的做法。

▶ 汤泡饭不利咀嚼与消化

很多宝宝不喜欢吃干饭，喜欢吃"汤泡饭"。妈妈为了贪图方便，便顺着宝宝，每餐用汤拌着饭喂宝宝。长久下来，宝宝不仅营养不良，而且养成了不肯咀嚼的坏习惯。吃下去的食物不经过牙齿的咀嚼和唾液的搅拌，会影响消化吸收，也会导致一些消化道疾病的发生，所以，一定要改掉给宝宝吃"汤泡饭"的坏习惯。

▶ 餐前适量喝汤才正确

当然，反对给宝宝吃"汤泡饭"并不是说宝宝就不能喝汤了，其实鲜美可口的鱼汤、肉汤可以刺激胃液分泌，增加食欲，只是妈妈掌握好宝宝每餐喝汤的量和时间，餐前喝少量汤有助于开胃，但千万不要让宝宝无节制地喝汤。

🍴 别让喝汤代替了吃肉

"营养在汁里"，大家通常认为鱼汤、肉汤、鸡汤等汤的营养最丰富，喝汤比吃肉更好，因此，许多妈妈给宝宝炖煮各种"营养汤"，却不见宝宝强壮。

▶ 汤的营养价值不及肉的营养价值高

实际上，即使慢慢炖出来的汤，里面也只有少量的维生素、矿物质、脂肪及蛋白质分解后的氨基酸，营养价值最多只有原来食物的 10%～12%，而大量的蛋白质、脂肪、维生素及矿物质仍然保留在鱼肉、猪肉、鸡肉中。因此，宝宝即使喝了大量的汤，仍然得不到足够的营养。况且，宝宝的胃容量有限，喝了大量的汤后，往往就没有胃口吃其他的食物。

▶ 喝汤不能锻炼宝宝的咀嚼、吞咽能力

给宝宝添加固体辅食的目的之一是为了补足单纯流质食物营养的不足，另一个目的是训练宝宝的咀嚼、吞咽能力，因此不能用汤来代替固体食品。

宝宝积食了怎么办

有的妈妈老担心饿着宝宝，一次给宝宝喂食比较多；有的妈妈想给宝宝多种营养，早早地就一天换一样，这样不仅不利于宝宝胃功能的强大，还容易使宝宝积食。

▶ 不要喂得太多太快

给宝宝添加辅食以后，至少 1 周左右再考虑改品种，量也不要一下增加太多，要仔细观察宝宝的食欲，如添加辅食后宝宝很久不思母乳，就说明辅食添加过多、过快，要适当减少。

▶ 发现宝宝有积食需停喂

宝宝如出现不消化现象，会出现呕吐、拉稀、食欲不振等症状，如果喂什么都把头扭开，手掌拇指下侧有轻度青

紫色，说明有积食，要考虑停喂两天，还可咨询医生后到中药店买几包"小儿消食片"喂宝宝（一般为粉末状，加少许在米汤、牛奶或稀奶糊中喂入即可）。

宝宝偏食怎么办

宝宝过了8个月，对于食物的好恶也逐渐地明显起来了。如果宝宝开始偏食，妈妈该怎么办呢？

变换形式做辅食

▶果宝宝不喜欢蔬菜，给他喂菠菜、卷心菜或胡萝卜时他就会用舌头向外顶。妈妈可以变换一下形式，比如，把蔬菜切碎放入汤中，或做成菜肉蛋卷让宝宝吃，或者挤出菜汁，用菜汁和面，给宝宝做面食，这样宝宝就会在不知不觉中吃进蔬菜。

如果宝宝实在不喜欢吃某种食物，也不能过于勉强。对于宝宝的饮食，在一定程度上的努力纠正是必要的，但如果做了多次尝试仍不见成效，妈妈就不能过于勉强。假如宝宝不喜欢吃菠菜、卷心菜、胡萝卜，妈妈可想法从其他的食物中得到补充。对无论如何也不吃蔬菜的宝宝，可以用水果来补充缺乏的营养素。另外，宝宝对食物的喜好并不是绝对的，有许多宝宝暂时不喜欢吃的食物，过一段时间后又喜欢吃了。

▶ 规律的饮食，减少偏食倾向

宝宝偏食的话，一定要减少宝宝的零食数量，尤其是饭前，零食吃多了也会影响到宝宝吃辅食。

▶ **荤素搭配，丰富口感**

给宝宝做辅食的时候可以把宝宝不喜欢吃的和喜欢吃的混合搭配在一起，均衡营养，也让宝宝的口感更加丰富。

断奶期，宝宝辅食烹饪要更用心

7～10个月是宝宝以吃奶为主过渡到以吃饭为主的阶段，因而这个时期又被称为断奶期。断奶时，宝宝的食物构成就要发生变化，要注意科学喂养。

▶ **选择、烹调食物要用心**

选择食物要得当，食物应变换花样，巧妙搭配。烹调食物要尽量做到色、香、味俱全，适应宝宝的消化能力，引起宝宝的食欲。

▶ **饮食要定时定量**

宝宝的胃容量小，所以喂食应当少量多次。刚断母乳的宝宝，每天要保证5餐，早、中、晚餐的时间可与大人一致，但在两餐之间应加牛奶、点心、水果。

▶ **喂食要有耐心**

断奶不是一瞬间的事情，从开始断奶到完全断奶，一定要给宝宝一个适应过程。有的宝宝在断奶过程中可能很不适应，因而喂辅食时要有耐心，让宝宝慢慢咀嚼。

您有一条芝宝贝来信：

夏季不宜实施断奶计划。夏季天气炎热，这样会影响食物消化，食欲减退，使宝宝抵抗力减弱。

西蓝花土豆泥

制作时间：30 分钟
制作难度：★

原料

　　西蓝花 30 克，土豆 1 个，肉末 10 克，食用油适量。

做法

　　1. 西蓝花洗净，煮熟后切碎；土豆煮熟后去皮，研成泥状。

　　2. 炒锅上火，倒食用油，食用油热后放入肉末煸炒熟后，与土豆泥、西蓝花碎末混合搅拌均匀，即可食用。

功能

　　西蓝花的营养成分不仅含量高，而且十分全面，主要包括蛋白质、碳水化合物、脂肪、矿物质、维生素 C 和胡萝卜素等。常给宝宝吃西蓝花，可促进生长、维持牙齿及骨骼健康、保护视力、提高记忆力。

鸡肝米糊

制作时间：30 分钟
制作难度：★★

原料

鸡肝、米糊各适量，鸡汤（无盐）少许。

做法

1. 将鸡肝洗净，放入锅内稍煮一下，除去血沫后再换水煮 10 分钟，然后将鸡肝外的薄皮剥去，切成末备用。

2. 用冷水调开米糊，加入鸡肝末和鸡汤煮熟即可。

功能

鸡肝含有丰富的蛋白质、钙、磷、铁、锌、维生素 A 及 B 族维生素。

牛奶炖蛋

制作时间：30 分钟
制作难度：★★

原料

鸡蛋 1 个，牛奶 1 杯。

做法

1. 将鸡蛋打成蛋液，牛奶倒入蛋液中，然后搅拌均匀。

2. 将牛奶蛋液用筛网过滤 1 次，然后倒入碗中。

3. 碗蒙上保鲜膜，并扎几个小孔。

4. 锅下冷水，把碗放到蒸锅里，大火烧开，中火蒸 15 分钟即可。

功能

牛奶含钙较多，鸡蛋富含磷。

泥鳅紫菜汤

制作时间：40 分钟
制作难度：★★

原料

　　泥鳅 100 克，紫菜 5 克，水适量。

做法

　　1. 泥鳅用清水养 1～2 天，待其把肠内污物排泄干净。

　　2. 将锅中的水烧开，倒入泥鳅，迅速加盖煮 20 分钟，再加入紫菜煮 10 分钟，即可食用。

功能

　　紫菜中含有人体必需的碘，碘元素也被人称为智力元素。

肉末胡萝卜汤

制作时间：30 分钟
制作难度：★

原料

　　新鲜的瘦猪肉 50 克，胡萝卜 150～200 克。

做法

　　1. 瘦猪肉洗净剁成细末，蒸熟或炒熟。

　　2. 胡萝卜洗净，切成大块，放入锅中煮烂，捞出挤压成糊状，再放回原汤中煮沸。

　　3. 将熟肉末加入胡萝卜汤中拌匀。

功能

　　提供蛋白质、维生素 A、维生素 D、维生素 E 等。

三豆粥

制作时间：30 分钟

制作难度：★

原料

    红豆、黑豆、绿豆各同等量，花生米、大米少许。

做法

    红豆、绿豆、黑豆、大米、花生米分别洗净，清水浸泡 2 小时；放入粥锅内，同煮至豆烂粥熟即可。

功能

    绿豆可清热解毒、消暑利水；红豆可清热利水、散血消肿；黑豆可解毒、散热、滋补肝肾。

番茄面

原料

    面粉 100 克，番茄 1 / 2 个，豆腐 30 克。

做法

    1. 将面粉用凉水和成软硬适度的面团，放置 30 分钟后，擀开，切细条。

    2. 番茄用开水烫一下，剥去皮，切碎；豆腐切碎。

    3. 锅里放水，将番茄、豆腐放入，水沸后下入面条，煮熟即可。

功能

    番茄中含有丰富的维生素 C 和维生素 P；鸡蛋含有丰富的蛋白质、脂肪和微量元素，鸡蛋和番茄一起食用有助于消化和营养的吸收。

桃仁粥

原料

核桃仁 10 克，粳米或糯米 30 克，水适量。

做法

1. 将粳米或糯米洗净，稍打碎些放入锅内，加水后微火煮至半熟。

2. 将核桃仁炒熟后压成粉状，择去皮后放入粥里，煮至黏稠即可食用。

功能

核桃仁富含丰富的蛋白质、脂肪、钙、磷、锌等微量元素，对宝宝的大脑发育有益。

肉末炒豌豆

原料

鲜豌豆 100 克，猪肉 50 克，葱、姜、食用油适量。

做法

1. 将豌豆洗净，猪肉剁成末，葱、姜切成末备用。

2. 热锅放入食用油，烧热后，放入葱末、姜末煸炒出香味后，放入肉末炒，最后放入豌豆用大火快速翻炒，炒熟后即可食用。

功能

豌豆中含有优质蛋白质、胡萝卜素、纤维素、叶酸，有助消化、增强免疫力的作用。

豌豆粥

原料

豌豆 50 克，梨 2 片，鲜玉米 50 克，水少许。

做法

1. 豌豆加少量水煮熟，轻搓去皮，压成泥，再倒入煮豆的水中煮。

2. 将梨和鲜玉米一起打成汁后倒入锅内与豆泥同煮，稍成糊状即可。

功能

豌豆蛋白质含量较高，是促进宝宝长身体的好帮手。玉米富含钙、镁、硒、维生素、卵磷脂等营养物质，对提高宝宝的免疫力有好处。

番茄蛋花汤

原料

番茄 50 克，鸡蛋 1 个，油少许，水 200 毫升。

做法

1. 将番茄切碎，鸡蛋打散。

2. 在炒锅里放少许油，将番茄放入炒锅里略炒一下。

3. 放入水，略煮一下，然后放入鸡蛋液，煮到汤开为止。

功能

番茄中含有丰富的维生素 C 和维生素 P；鸡蛋含有丰富的蛋白质、脂肪和微量元素。

鳕鱼面

制作时间：40 分钟
制作难度：★

原料

鳕鱼 50 克，婴儿面、油各适量。

做法

1. 婴儿面打成颗粒状或用手掰碎。

2. 将鳕鱼连皮一起放入锅中煮 10 分钟，然后取出，去皮去刺；将锅内放少许油，把鱼肉放入稍煎一下用铲子压碎。

3. 把婴儿面、鱼肉放入鱼汤中煮 10 分钟即可。

功能

鳕鱼肉营养丰富，除了富含DHA、DPA 外，还含有人体所必需的维生素 A、维生素 D、维生素 E 和其他多种维生素，具有高营养、低胆固醇等优点，非常适合给宝宝吃。

虾泥蛋羹

制作时间：30 分钟
制作难度：★

原料

虾 1 只,鸡蛋黄 1/4 个,水、油各适量。

做法

1. 将鸡蛋黄打入碗里，搅拌均匀。

2. 剥出虾肉，取出虾线，并去掉虾肠，把虾放入水中煮熟，用勺子压住碾一下，用刀剁碎。

3. 将虾泥放入打好的蛋黄里，加水，加油调匀，放入锅中微火蒸 7 分钟即可。

功能

虾含有丰富的蛋白质、脂肪和多种人体必需氨基酸及不饱和脂肪酸，是宝宝极佳的断奶食品。

琼浆玉液

制作时间：30 分钟
制作难度：★

原料

粳米 60 克，核桃仁 50 克，配方奶 200 毫升。

做法

1. 将粳米洗净，浸泡 1 个小时候捞出，滤干水分。

2. 将粳米、核桃仁、配方奶加少量水，放入搅拌机中打碎，用漏斗过滤取汁。

3. 将汁倒入锅内加适量水煮沸，晾凉后即可给宝宝食用。

功能

核桃仁含有较多的蛋白质及不饱和脂肪酸，有助于宝宝大脑发育。

红薯粥

制作时间：20 分钟
制作难度：★★

原料

大米 50 克，红薯 1 个，水适量。

做法

1. 红薯削皮、洗净、切细粒；大米洗净后浸泡 1 小时左右。

2. 锅里倒水，放大米、红薯，先用大火煮开，然后用微火慢慢熬制，直至米软、红薯黏，晾凉后即可喂食宝宝。

功能

红薯中含有丰富的碳水化合物、纤维素、钙、磷、铁、锌以及维生素 B_1、维生素 B_2、维生素 B_3 等，可以预防宝宝肥胖。

扁豆薏米粥

原料

　　白扁豆30克,薏米30克,大米30克。

做法

　　1. 薏米洗净,浸泡2小时;白扁豆、大米洗净。

　　2. 锅里放水,先把薏米和扁豆放进去煮,快熟时,放大米,煮至粥绵软即可。

功能

　　薏米因含有多种维生素和矿物质,有促进新陈代谢和减少胃肠负担的作用,薏米还富含硒元素。

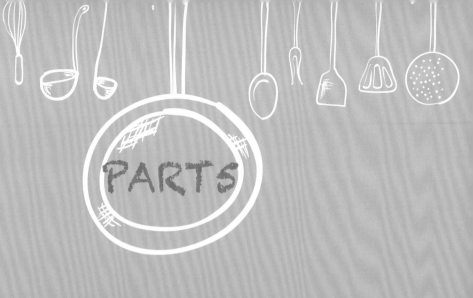

PARTS

9个月
别让宝宝的乳牙成为摆设
吃一点粗纤维食物吧

和周忠蜀医生谈辅食

Q 想给宝宝吃一点粗纤维食物，又怕宝宝肠胃娇弱受不了，那到底什么时候可以给宝宝吃粗纤维食物呢？

A 宝宝9个月已经长牙了，有足够的咀嚼能力，而且，在日常吃辅食的过程中，已经慢慢接触了粗纤维食物，比如，各类蔬菜。所以，给宝宝添加粗纤维食物，不用太刻意，要注意宝宝食用后有无不良反应，有的话要立刻停止，过一段时间后再次尝试。

宝宝的营养需求

　　第9个月宝宝营养需求与第8个月大致相同，从现在起可以增加一些粗纤维的食物，如茎秆类蔬菜，但要把粗的、老的部分去掉。9个月的宝宝已经长牙，有咀嚼能力了，可以让其啃食硬一点的东西，这样有利于乳牙的萌出。

一日营养计划

上午	6：00	乳或配方奶 200 ~ 220 毫升，馒头片（面包片）30 克
	8：00	水果泥 100 ~ 150 克
	10：30	蛋花青菜面 100 克
	12：00	母乳或配方奶 200 ~ 220 毫升
下午	15：00	虾仁小馄饨 80 克
	18：00	清蒸带鱼 25 克，土豆泥 50 克，米粥 25 克
晚上	21：00	母乳或配方奶 200 ~ 220 毫升
鱼肝油	每天 1 次	
其他	保证饮用适量白开水	

妈妈可能遇到的问题

想要宝宝远离便秘，不妨试试吃点粗纤维食物

粗纤维虽然不能被人体消化道酶分解，但因为它有着重要的生理功能，也成为人体不可缺少的物质，被称为人类的"第七大营养素"。同样的，宝宝的生长发育也离不开粗纤维的辅助。

粗纤维广泛存在于各种粗粮、蔬菜及豆类食物中。一般来讲，含粗纤维的食物有玉米、豆类等；含粗纤维数量较多的蔬菜有：油菜、韭菜、芹菜、荠菜等。另外，花生、核桃、桃、柿、枣、橄榄也含有较丰富的粗纤维。

▶ 有助于宝宝牙齿发育

吃粗纤维食物时，必然要经过反复咀嚼才能吞咽下去，这个咀嚼的过程既能锻炼咀嚼肌，也有利于牙齿的发育。此外，经常有规律地让宝宝咀嚼有适当硬度、弹

性和纤维素含量高的食物，还可减少蛋糕、饼干、奶糖等细腻食品对牙齿及牙周的黏着，从而防止宝宝龋齿的发生。

▶ 可防止便秘

粗纤维能促进肠蠕动、增进胃肠道的消化功能，从而增加粪便量，防止宝宝便秘。

细嚼慢咽吃东西，才能让营养充分吸收

有的宝宝饿了或者急着要去玩，吃起饭来狼吞虎咽，囫囵吞枣，把未经充分咀嚼磨碎的食物吞入胃内，对身体是十分有害的。宝宝有狼吞虎咽的进食习惯时，妈妈一定要及早帮助宝宝纠正，教宝宝学会细嚼慢咽对增进宝宝的健康大有裨益。

▶ 可促进颌骨发育

咀嚼能刺激面部颌骨的发育，增加颌骨的宽度，增强咀嚼功能。如宝宝颌骨生长发育不好，会发生颌面畸形、牙齿排列不齐、咬合错位等。

▶ 有助于预防牙齿疾病

咀嚼增加食物对牙齿、牙龈的摩擦，

可达到清洁牙齿和按摩牙龈的目的，从而加速了牙齿、牙周组织的新陈代谢，提高抗病能力，减少牙齿疾病的发生。

▶ 有助于食物的消化

咀嚼时牙齿把食物嚼碎，唾液充分地将食物湿润并混合成食团，便于吞咽。同时唾液中含淀粉酶，能将食物中的淀粉分解为麦芽糖。所以，人们吃馒头时，咀嚼的时间越长，越觉得馒头有甜味，这就是淀粉酶的作用。食物在嘴里咀嚼时通过条件反射引起胃液分泌增加，有助于食物的消化。

▶ 有利于营养物质的吸收

实验证明，细细咀嚼的人比不细细咀嚼的人能多吸收蛋白质 13%、脂肪 12%、纤维素 43%，所以，细嚼慢咽对于营养素的吸收是大有好处的。

▣ 为什么要给宝宝多吃水果和蔬菜

果蔬可以提供丰富的维生素、矿物质及纤维素，是维护宝宝正常发育不可或缺的食物。不吃果蔬或吃果蔬比较少的宝宝，可能产生下列生理变化或营养问题。

▶ 便秘

宝宝少吃或不吃果蔬所引发的最常见问题就是便秘。因为纤维素摄取不足，使食物消化吸收后剩余的实体变少，造成肠道蠕动的刺激减少。当肠道蠕动变慢时，就容易产生便秘。粪便在肠道中停留的时间过久，还会产生有害的毒性物质，破坏宝宝肠道内有益菌类的生长环境。

▶ 肠道环境改变

纤维素可以促进肠道中有益菌类的生长，抑制有害菌类的增生。吃水果比较少的宝宝，肠道的正常环境可能发生变化，影响肠道细胞的健康生长。

▶ 热量摄取过多

饮食中缺乏纤维素的饱足感，会造成热量摄取过多，导致肥胖。成年后易患多种慢性疾病。

▶ 维生素 C 摄取不足

维生素 C 与胶原和结缔组织形成有关，它可使细胞紧密结合；缺乏维生素

C 时，可能影响宝宝牙齿、牙龈的健康，导致皮下易出血及身体感染。

▶ 维生素 A 摄取不足

缺乏维生素 A 时，宝宝可能出现夜盲症、毛囊性皮肤炎、身体感染等症状，甚至影响宝宝心智发展。黄、橘色蔬果富含可以再体内转化为维生素 A 的 β-胡萝卜素。

▶ 免疫力下降

蔬果富含抗氧化物的成分（如维生素 C、β-胡萝卜素）。摄取足量、及时可促进细胞组织的健全发展，提高免疫力，防止宝宝受感染、生病。

您有一条芝宝贝来信：

给宝宝吃粗纤维含量丰富的食物时，应尽量做到细、软、烂等。

🍴 宝宝有这些举动，表示不想吃果蔬

当宝宝不喜欢吃果蔬时，会用一些表达方式或具体行为来拒绝。此时，妈妈应该找出原因，想一想适合自己宝宝的解决方法，让宝宝慢慢接受，而不是马上放弃。

▶ 一口饭菜在口中含了好久

观察看看，是不是因为有青菜在里边。如果是的，下一口食物可选择宝宝喜欢的食物。有时可将宝宝喜欢吃的食物与蔬菜混合在饭中，一起喂食。

▶ 咬不下去

蔬菜因纤维素的存在，宝宝咀嚼较费力，可能容易放弃吃这类食物。制作餐点时，记得选择新鲜幼嫩的原料，或将食物煮得较软，便于宝宝进食。

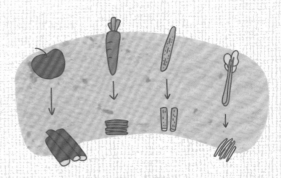

▶ 吞不下去

一些金针菇、豆苗及纤维太长的蔬菜，直接吞食容易造成宝宝吞咽困难或产生呕吐的动作，建议制作时应先切细或剁碎。

▶ 呕吐的动作

部分果蔬含有特殊气味，如苦瓜、芥菜、荔枝，宝宝可能不太能接受，吃这类食物可能会产生呕吐的动作。这时妈妈可减少相应食物的供应量或等宝宝较大时再尝试。

▶ 表情痛苦

当宝宝吃到特别酸、苦、辣等刺激性强的食物时，表情痛苦，并拒绝再吃该食物。大部分的宝宝可能无法接受太酸的水果，对此，可将水果放得较熟以后再吃。也可试试混合甜的水果加些酸奶打成果汁（不滤汁），而辛辣、味苦的食物暂时不要让宝宝去尝试。

您有一条苦宝贝来信：

宝宝宜多吃水果，但柿子不能多吃。因为柿子中含有不容易消化的东西，宝宝吃后会胃胀不适、呕吐及消化不良。

🍽 宝宝吃水果要注意的事情

忌饭后立即吃水果。因为这样不但不会有助于消化，反而会造成胀气和便秘，所以在饭后2小时或饭前1小时吃一点水果是最适宜的。

忌吃水果不漱口。水果中含糖量比较高，如果吃完水果之后不漱口的话，对宝宝牙齿有较强的腐蚀性，水果残渣易造成龋齿。

忌过量食用水果。食用水果过量的话，容易使人体胆固醇增高，所以不宜让宝宝在短时间内进食水果过多。

忌食用开始腐烂的水果。腐烂变质的水果误食后容易发生痢疾、急性胃肠炎等消化道传染病。

忌用酒精给水果消毒。用酒精给水果消毒，虽能杀死水果表层细菌，但会引起水果色、香、味的改变，降低水果的营养价值。

忌用菜刀削水果。用菜刀切水果会把寄生虫或寄生虫卵带到水果上，使宝宝感染寄生虫病。

燕麦南瓜糊

制作时间：30 分钟
制作难度：★

原料

燕麦 50 克，南瓜 50 克。

做法

1. 将南瓜去皮、切片、蒸熟，碾成泥状，放凉备用。

2. 燕麦先用水洗一下，放入锅中煮成粥。

3. 将南瓜泥放入燕麦中搅匀，放置温热时，即可食用。

功能

燕麦是营养价值较高的谷物之一，含有钙、铁、磷、锌等矿物质和膳食纤维。

南瓜香蕉羹

制作时间：30 分钟
制作难度：★

原料

南瓜 100 克，香蕉 1 根。

做法

1. 将南瓜去皮、去瓤，碾成泥状。

2. 香蕉剥皮，碾成泥状。

3. 把香蕉泥和南瓜泥混合在一起搅拌均匀，即可喂食。

功能

南瓜可为宝宝提供胡萝卜素、维生素 A、维生素 E 等。

鸡肉菜粥

制作时间：30 分钟
制作难度：★

原料

大米 100 克，鸡肉 15 克，油菜叶 10 克。

做法

1. 将鸡肉煮熟切碎；油菜叶焯熟，切碎，备用。

2. 将鸡肉加入粥中煮，待鸡肉煮软即可加入油菜末，1 分钟后关火即可。

功能

鸡肉的脂肪含量很低，维生素却很多，而油菜中包含多种营养素，钙、铁、维生素 C 和胡萝卜素的含量都很丰富。

香菇鲜虾小·包子

制作时间：50 分钟
制作难度：★★

原料

煮熟的鸡蛋、香菇、虾、猪肉馅、自发粉、葱末、姜末、香油各适量。

做法

1. 将鸡蛋、香菇、虾剁碎后拌入猪肉馅，加葱末、姜末、香油搅拌成馅。

2. 事先和好自发面粉，醒 30 ~ 60 分钟，做成包子皮。

3. 包好包子，上屉大火蒸 15 分钟。

功能

香菇含有丰富的蛋白质、维生素以及钙、铁、镁、磷、铜等矿物质。

什锦猪肉菜末

制作时间：40 分钟
制作难度：★★

原料

猪肉 10 克，胡萝卜、番茄、柿子椒、葱头各 7 克，肉汤适量。

做法

将猪肉、胡萝卜、番茄、柿子椒、葱头切成碎末，一起放入锅中加肉汤煮软即可。

功能

猪肉含有丰富的优质蛋白质和必需的脂肪酸，具有补肾养血，滋阴润燥的功效。

红枣奶茶

原料

红枣 20 枚，鲜牛奶 250 毫升，水适量。

做法

1. 红枣洗净，切开，放入锅中，加入水，熬成 20 分钟，之后再重复动作熬一次。

2. 合并 2 次熬的红枣汁，用小火浓缩至 150 克，再把煮沸的牛奶冲入，调匀即可。

功能

红枣营养丰富，最突出的特点是维生素含量高，有天然维生素丸的美誉。红枣中的维生素 P 含量为所有果蔬之冠。

苹果金团

制作时间：30 分钟
制作难度：★

原料

苹果 1 个，红薯 1 个。

做法

1. 将红薯洗净、去皮，切碎煮软。

2. 把苹果削去皮、除去籽后切碎，煮软。

3. 把苹果与红薯均匀混合，即可给宝宝吃。

功能

苹果健脾益胃，润肠解暑，非常适合婴幼儿食用，苹果中的纤维，能促进生长及发育，含有的锌能增强儿童的记忆力。红薯含有丰富的淀粉、膳食纤维、胡萝卜素、维生素 A、B 族维生素、维生素 C、维生素 E 以及钾、铁、铜、硒、钙等微量元素，是公认的营养最均衡的食品。

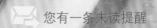 您有一条未读提醒

制作时将红薯、苹果切碎、煮软，再给宝宝喂食。

银耳南瓜粥

制作时间：20 分钟
制作难度：★★

原料

南瓜，银耳，大米各适量。

做法

1. 南瓜去皮、去瓤，切块。

2. 银耳用水发好，洗净。

3. 大米先入锅煮成粥后，加入南瓜、银耳一起煮，待南瓜、银耳都煮软的时候即可出锅。

功能

南瓜含有一种特殊的果胶，能有效地保护胃黏膜，避免宝宝的胃受创。

虾仁菜花

制作时间：40 分钟
制作难度：★★

原料

菜花 40 克，虾 10 克，白酱油少许。

做法

1. 菜花洗净，放入沸水中煮软后切碎。

2. 虾洗净，放入沸水中煮后剥皮，去除沙线，切碎。

3. 熟虾仁碎加入白酱油煮熟，倒在菜花上即可。

功能

菜花含有丰富的维 C、胡萝卜素、硒、维 K 等多种具有生物活性的物质，能提高宝宝的免疫和抗病能力。

韭菜粳米粥

制作时间：30 分钟
制作难度：★

原料

新鲜韭菜 30 克，粳米 100 克。

做法

1. 新鲜韭菜洗净、切末。

2. 将粳米煮为粥，待粥沸后，加入韭菜末，同煮 10 分钟。

功能

韭菜具有极高的营养价值，能为宝宝补充充足的营养。

冬瓜蛋花汤

制作时间：50 分钟
制作难度：★★

原料

冬瓜、鸡蛋、鸡汤各适量，植物油少许。

做法

1. 将冬瓜去皮，切成菱形小片；鸡蛋磕入碗内，搅拌均匀备用。

2. 将植物油放入锅内，油热后下入冬瓜片翻炒，加入鸡汤烧开，淋入鸡蛋液即可。

功能

冬瓜含有蛋白质、胡萝卜素、多种维生素、粗纤维和钙、铁，且钾盐含量高，能养胃生津，清降胃火。

疙瘩汤

制作时间：30 分钟
制作难度：★

原料

小番茄 1 个，鸡蛋 1 个，面粉 50 克，木耳 2 朵，香菜、植物油各适量。

做法

1. 小番茄洗净，切碎；鸡蛋磕入碗中打散成蛋液；香菜洗净切碎；木耳切碎。

2. 将面粉放入大碗中，慢慢加入适量清水，用筷子搅拌成均匀的小疙瘩，备用。

3. 锅中倒入少许植物油烧热，放入番茄碎块煸炒出汤汁，放木耳碎末，翻炒片刻，加入清水烧开，将面疙瘩一点点地倒入锅中并搅散，用中火滚煮 3 分钟至熟透。

4. 淋入鸡蛋液，搅匀后再次烧开，放香菜末即可出锅。

功能

木耳含有大量的碳水化合物、蛋白质、铁、钙、磷、胡萝卜素、维生素等营养素，番茄中的维生素 C 有利于木耳中铁的吸收。

海米冬瓜

制作时间：30 分钟
制作难度：★

原料

冬瓜 100 克，海米 10 克，淀粉、香葱末、食用油各适量。

做法

1. 将冬瓜削皮，去瓤、籽，洗净，切成片；将海米用温水泡软。

2. 炒锅放食用油加热后，倒入冬瓜片，待冬瓜变翠绿色时捞出沥干油备用。

3. 炒锅留少许底油，烧热，爆香葱末、加入半杯水和海米，烧开后放入冬瓜片，再用大火烧开，转用小火焖烧，冬瓜熟透且入味后，下水淀粉勾芡，炒匀即可出锅。

功能

这道菜含有丰富的纤维素、铁、钙、磷等营养素，具有益气和中、生津润燥、清热解毒、利水通淋的功效。

冬瓜丸子汤

制作时间：50 分钟
制作难度：★★

原料

冬瓜 200 克，瘦猪肉馅 100 克，鸡蛋清 1 个，高汤、香菜、姜末、淀粉各适量。

做法

1. 将冬瓜去皮，洗净切片；瘦猪肉馅加入淀粉、鸡蛋清、姜末，充分搅拌。

2. 锅内放入高汤烧开，把瘦猪肉馅挤成丸子下锅，丸子上浮后倒入冬瓜片，冬瓜熟后撒上香菜，勾薄芡即可出锅。

功能

冬瓜含有蛋白质、胡萝卜素、多种维生素、粗纤维和钙、铁，且钾盐含量高，钠盐含量低，能养胃生津，清降胃火。

骨汤面

制作时间：30 分钟
制作难度：★

原料

牛胫骨或脊骨 200 克，龙须面 20 克，青菜 10 克。

做法

1. 将牛胫骨砸碎，放入冷水中用中火熬煮 30 分钟。

2. 将牛胫骨捞出，取清汤。将龙须面下入骨汤中，再把洗净、切碎的青菜加入汤中煮至面熟即可。

功能

可提供丰富的钙，同时骨汤中富含脂肪、碳水化合物、铁、氨基酸等，对预防宝宝患软骨症和血虚症有益。

木瓜白果鸡肉汤

制作时间：60 分钟
制作难度：★★

原料

　　青木瓜 100 克，白果 10 克，鸡肉 50 克，枸杞子 10 克，姜片适量。

做法

　　1. 将鸡肉斩块、焯水；青木瓜去皮、去籽、切块；白果去壳衣，清水洗净。

　　2. 将青木瓜块、鸡块、白果、枸杞子、姜片一同放入砂锅，加清水，炖煮 60 分钟后，撇出上层浮沫即可。

功能

　　白果含有蛋白质、脂肪、维生素 C、胡萝卜素、钙、铁、磷等营养素；木瓜富含维生素 A、B 族维生素；鸡肉有增强体力、强壮身体的作用。

雪梨藕粉糊

原料

雪梨 1 个，藕粉 30 克。

做法

1. 将雪梨去皮、去核，切成细粒。

2. 将藕粉倒入锅中，用小火慢慢熬煮，边熬边搅动，直到透明为止，再倒入雪梨粒，搅匀即可。

功能

此糊水嫩晶莹，香甜润滑，营养丰富，含碳水化合物、蛋白质、脂肪，并含多种维生素及钙、钾、铁、锌，能促进食欲，帮助消化。

鸡肝粥

原料

鸡肝 30 克，大米 50 克。

做法

1. 大米洗净后浸泡 1 小时，放到锅里煮熟。

2. 鸡肝择去筋膜，洗净，煮熟后研成泥状，再放到粥锅里继续煮至黏软，晾凉后即可喂食宝宝。

功能

鸡肝可以补充铁和维生素 C，防止缺铁性贫血和维生素 C 缺乏症的发生。

PART6

10个月
"小大人"的宝宝
要自己动手吃饭了

和周忠蜀医生谈辅食

Q 宝宝 10 个月啦，最近吃辅食总是不安稳，老想自己动手去拿食物，不给的话还会哭闹，这是为什么呢？

A 宝宝这个阶段已经有自主意识，想自己用手去接触食物，也是亲近食物的一种表现。妈妈可以在宝宝吃饭前给宝宝做好清洁工作，然后把食物晾凉，让宝宝尝试自己动手吃饭。

宝宝的营养需求

到了宝宝第 10 个月原则上继续沿用第 9 个月时的哺喂方式，但可以把哺乳次数进一步降低为不少于 2 次，让宝宝进食更丰富的食品，以利于各种营养素的摄入。妈妈可以让宝宝尝试全蛋、软饭和各种绿叶菜，既增加营养又锻炼咀嚼能力，同时仍要注意微量元素的添加。

一日营养计划

上午	6：00	母乳或配方奶 250 毫升
	8：00	果泥或菜泥 150 克
	10：00	鸡蛋羹（可尝试全蛋）1 中碗，馒头片（面包片）30 克，果酱
下午	12：00	豆奶 120 毫升，加适量白糖，小饼干 20 克
	15：00	虾仁小馄饨 80 克
	18：00	清蒸带鱼 25 克，土豆泥 50 克，米粥 25 克
晚上	21：00	母乳或配方奶 200 ~ 220 毫升
鱼肝油	每天 1 次	
其他	保证饮用适量白开水	

妈妈可能遇到的问题

宝宝排便异常，可能是新辅食惹的祸

宝宝从第 10 个月开始，口舌的活动变得自如，可以用舌的上腭捣乱食物后吞食，虽不能像大人那样熟练地咀嚼食物，但已经能吃稀饭之类的食物。不过即便是这样，在吃块状的食物时，还是可能出现消化不良的情况，当宝宝的便便出现异常情况时，应让宝宝再吃一段时间稀碎的食物，等大便正常后再慢慢让宝宝接触新的块状食物。

荤素搭配的辅食让宝宝更健康

10 个月以后，无论是种类还是制作方法，宝宝的食物都要尽可能多样化，让宝宝更多地接触新食物，为断奶做准备。

▶ 谷类

添加辅食初期给宝宝制作的粥、米糊、汤面等都属于谷类食物，这类食物是最容易为宝宝接受和消化的食物，也是碳水化合物的主要来源。宝宝长到 10 月时，牙齿已经萌出，这时在添加粥、米糊、汤面的基础上，可给宝宝一些可帮助磨牙、能促进牙齿生长的饼干、烤馒头片、烤面包片等。

▶ 动物性食品及豆类

动物性食物主要指鸡蛋、肉、鱼、奶等，豆类指豆腐和豆制品，这些食物含蛋白质丰富，也是宝宝生长发育过程中必需的。动物的肝及血除了提供蛋白质外，还提供足量的铁，可以预防缺铁性贫血。

▶ 蔬菜和水果

蔬菜和水果富含宝宝生长发育所需的维生素和矿物质，如胡萝卜含有较丰富的维生素 D、维生素 C，菠菜含钙、铁、维生素 C，绿叶蔬菜含较多的 B 族维生素，橘子、苹果、西瓜富含维生素 C。对于 1 岁

以内的宝宝，可用鲜果汁、蔬菜水、菜泥、苹果泥、香蕉泥、胡萝卜泥、红心白薯泥、碎菜等方式摄入其所含营养素。

▶ 油脂和糖

宝宝胃容量小，所吃的食物量少，热能不足，所以应适当摄入油脂、糖等体积小、热能高的食物，但要注意不宜过量，油脂应是植物油而不是动物油。

▶ 巧妙烹调

烹调宝宝食品时，应注意各种食物颜色的调配；味道不能太咸，不要加味精；食物可做成有趣的形状。另外，食物要细、软、碎、烂。

▣ 训练宝宝用自己的餐具进食

宝宝六七个月时就已经开始吃"手抓饭"了，到了10个月时，宝宝手指比以前更灵活，大拇指和其他4个手指能对指了，基本可以自己抓握东西、取东西了，这时就应该让宝宝自己动手用简单的餐具进餐。其实，训练宝宝自己吃饭，并不如想象中的困难，只要妈妈多点耐心，多点包容心，是很容易办到的。

▶ 汤匙、叉子

10个月时，妈妈可以让宝宝试着使用婴幼儿专用的小汤匙来吃辅食。由于宝宝的手指灵活度尚且不是很好，所以，一开始多半会采取握姿，妈妈可以从旁协助。如果宝宝不小心将汤匙掉在地上，妈妈也要有耐心地引导，不可以严厉地指责宝宝，以免宝宝排斥学习；到了宝宝1岁左右，通常就可以灵活运用汤匙了。

▶ 碗

到了10个月左右，妈妈就可以准备底部宽广、重量较轻的碗让宝宝试着使用。不过，由于宝宝的力气较小，所以装在碗里的东西最好不要超过1/3，以免过重或容易溢出；为了避免宝宝烫伤，装的食物也不宜太热。拿碗时，只要让宝宝用双手握住碗两旁的把手就可以了。此外，宝宝可能不懂一口一口地喝，妈妈可以从旁协助，调整一次喝的量。

▶ 杯子

这个阶段，妈妈就可以使用学习杯来教宝宝使用杯子了。一开始应让宝宝两手扶在杯子1/3的位置，再小心端起，以避免内容物洒出来。到了3岁左右，宝宝就可以自己端汤而不洒出来了。

您有一条芝宝贝来信：

刚刚开始时，如果宝宝不小心把食物洒出，妈妈也别慌，因为宝宝自然会从失败中吸取教训，并改进自己的动作，直到不会洒出来为止。

好的烹调技巧，留下更多的营养

宝宝胃容量小，进食量少，但所需要的营养素又不能少，因此，讲究烹调方法，最大限度地保存食物中的营养素，减少不必要的损失是很重要的。妈妈可从下列几点予以注意。

蔬菜要新鲜，先洗后切，水果吃时再削皮，以防水溶性维生素溶解在水中，以及维生素在空气中氧化。

和捞米饭相比，用容器蒸或焖米饭维生素 B_1 和维生素 B_2 的保存率高。

蔬菜最好旺火急炒或慢火煮，这样维生素 C 的损失少。

合理使用调料，如醋，可起到保护蔬菜中 B 族维生素和维生素 C 的作用。

在做鱼和炖排骨时，加入适量醋，可促使骨骼中的钙质在汤中溶解，有利于人体吸收。

少吃油炸食物，因为高温对维生素有破坏作用。

您有一条芝宝贝来信：

给宝宝做饭时多采用蒸、煮的方法，会比炸、炒的方式保留更多的营养元素，口感也比较松软，同时，还保留了更多食物原来的颜色，能有效地激发宝宝的食欲。

用白菜作馅蒸包子或饺子时，可将白菜中挤出来的水放馅里或和面，更大限度保存营养。

科学添加辅食，帮助宝宝顺利断奶

断奶是建立在成功添加辅食的基础上的，适时、科学地给宝宝断奶对宝宝的健康非常重要。

▶ 逐渐加大辅食添加的量

从 10 个月起，每天先给宝宝减掉一顿奶，添加辅食的量相应加大。过一周左右，如果妈妈感到乳房不太发胀，宝宝消化和吸收的情况也很好，可再减去一顿奶，并加大添加辅食的量，逐渐断奶。减奶最好先减去白天喂的那顿，因为白天有很多吸引宝宝的事情，他不会特别在意妈妈。但在清晨和晚间，宝宝会非常依恋妈妈，需要从吃奶中获得慰藉。断掉白天那顿奶后再逐渐停止夜间喂奶，直至过渡到完全断奶。

▶ 妈妈断奶的态度要果断

在断奶的过程中，妈妈既要使宝宝逐步适应饮食的改变，又要采取果断的态度，不要因宝宝一时哭闹就下不了决心，从而拖延断奶时间。而且，反复断奶会接二连三地刺激宝宝的不良情绪，对宝宝的心理健康有害，容易造成情绪不稳定、夜惊、拒食，甚至为日后患心理疾病留下隐患。

▶ 不可采取生硬的方法

宝宝不仅把母乳作为食物，而且对母乳有一种特殊的感情，因为它给宝宝带来信任和安全感，所以即便是断奶态度要果断，但千万不可采用仓促、生硬的方法。这样只会使宝宝的情绪陷入一团糟，因缺乏安全感而大哭大闹，不愿进食，导致脾胃功能紊乱、食欲差、面黄肌瘦、夜卧不安，从而影响生长发育，使抗病能力下降。

▶ 注意抚慰宝宝的不安情绪

在断奶期间，宝宝会有不安的情绪，妈妈要格外关心和照顾，花较多的时间来陪伴宝宝。

▶ 宝宝生病期间不宜断奶

宝宝到了离乳月龄时，若恰逢生病、出牙，或是换保姆、搬家、旅行及妈妈要去上班等情况，最好先不要断奶，否则会增大断奶的难度。给宝宝断奶前，要带他去医院做一次全面体格检查，宝宝身体状况好，消化能力正常才可以断奶。

📖 宝宝食量不稳定，可能是注意力被分散了

这时期的宝宝开始有自主意识，开始按自己的意愿去吃东西。因此吃辅食的喜好常常出现变化，每天吃的量也是时多时少。妈妈看到宝宝吃的量比平时减少，会觉得担心、焦虑。其实，是因为这个时期宝宝开始愿意活动身体，并对周边事物感到新奇，把对食物的注意力分散开来了，所以妈妈不用过于担心，可以根据一周的情况来判断是不是真的食量减少。

牛奶花生糊

制作时间：40 分钟
制作难度：★

原料

配方奶 200 毫升，大米 30 克，花生 20 粒。

做法

1. 大米洗净后浸泡 60 分钟左右，备用；花生去皮，磨成粉末状，备用。

2. 锅里放水，先用大火将大米煮开，然后用小火慢慢熬煮成黏稠状，加入配方奶和花生粉末，搅匀，再煮片刻，盛出晾凉后，即可给宝宝食用了。

功能

花生含有丰富的植物蛋白，比动物蛋白更容易被人体吸收。

蒸嫩丸子

制作时间：40 分钟
制作难度：★★

原料

　　瘦肉馅60克，青豆仁10粒，淀粉少许。

做法

　　1. 瘦肉馅加入煮烂的青豆仁及淀粉拌匀，甩打至有弹性，搓成丸状。

　　2. 把丸子以中火蒸至肉软，盛出后用水淀粉勾芡。

功能

　　青豆富含B族维生素、铜、镁、钾等，具有滋补强壮，助长筋骨等功效。

鱼丸生菜汤

制作时间：50 分钟
制作难度：★★

原料

　　鱼肉150克，生菜适量，淀粉少许。

做法

　　1. 将鱼剖开剔除鱼刺，鱼肉切碎与淀粉在一起搅拌；将生菜洗净，撕小片。

　　2. 将和好的鱼肉制成鱼丸。

　　3. 砂锅加适量水烧开，放入鱼丸，煮熟后，放入生菜叶，稍煮片刻，关火即可。

功能

　　鱼肉是蛋白质的重要来源，且易被人体吸收。鱼肉还供给人体所需要的维生素A、维生素D、维生素E、铁、钙、磷、镁等营养素。

鱼肉豆腐羹

原料

无骨鱼肉 100 克，豆腐 30 克，胡萝卜 1/2 根。食用油、葱末各少许。

做法

1. 将无骨鱼肉切成细末，将豆腐切成细粒，胡萝卜擦成丝。

2. 将三种原料混在一起，上锅蒸 6 ~ 7 分钟，端出。

3. 炒锅放食用油，食用油热后炝葱末，然后轻轻地浇入鱼肉豆腐羹上即可。

功能

此羹鲜香有味，营养价值高，易消化。

鸡泥肝糕

原料

猪肝、鸡胸肉、鸡蛋各适量，鸡汤（或肉汤）、香油各少许。

做法

1. 将猪肝、鸡胸肉洗净剁成蓉，放入碗中，兑入鸡汤。

2. 鸡蛋打入另一个碗中，充分打散后，倒入碗中，与肝蓉充分搅打。

3. 锅里水开后，把碗放蒸屉上蒸熟，吃的时候淋上香油即可。

功能

鸡肉蛋白质含量高，易被吸收。

玉米薄饼

制作时间：30 分钟
制作难度：★

原料

新鲜青玉米 3 个，葱、植物油各适量。

做法

1. 将青玉米粒用刀削下，少加水，用搅拌机打成糊状，备用。

2. 将葱切末放入玉米糊中，搅拌均匀。

3. 饼铛内放植物油，植物油热后把玉米糊放入饼铛，摊成薄饼，用小火把两面烙成金黄色即可。

功能

玉米含有多种维生素，有很高的抗氧化剂活性，特别是玉米胚尖所含有的营养物质能促进人体的新陈代谢，对宝宝的成长发育有益。

豆腐鸡蓉小·炒

制作时间：40 分钟
制作难度：★★

原料

鲜嫩豆腐 200 克，鸡肉 50 克，鸡蛋 1 个，油菜丝、火腿丝各适量，淀粉、植物油各少许。

做法

1. 将鸡肉剁成泥，加上蛋清和少许淀粉，一同搅拌成鸡蓉。

2. 将豆腐用开水烫一下，研成泥。

3. 锅里放植物油，植物油温七成热时先放入豆腐泥炒好，再放入鸡蓉，然后撒上火腿丝和油菜丝炒熟即成。

功能

豆腐中富含优质植物蛋白、钙质，鸡肉中富含优质动物蛋白，这两种食物结合在一起，促进宝宝成长。

核桃豆腐丸

原料

豆腐 50 克，鸡蛋 1/2 个，核桃仁适量，油、淀粉、面粉、水、葱花、姜末适量。

做法

1. 将豆腐用勺子压碎，打入鸡蛋，加淀粉、面粉拌匀，做 6 ~ 8 个丸子，每个丸子中间夹一个核桃仁。

2. 大火烧油锅，烧至五六成热，下丸子炸熟即可。

3. 在锅中烧水，将炸好的丸子放入开水中，并放入葱花，姜末等调味即可。

奶香三文鱼

原料

三文鱼 30 克，牛奶 20 毫升，黄油、洋葱各适量。

做法

1. 三文鱼切片，用牛奶腌 20 分钟。

2. 将黄油在锅里加热，洋葱煸香，倒在鱼片上。

3. 将三文鱼放在锅里蒸 7 分钟即可。

功能

三文鱼富含蛋白质、钙、铁及维生素 D 等，易于吸收和消化。

猕猴桃饮

制作时间：20 分钟

制作难度：★

原料

猕猴桃 2 个。

做法

选新鲜的猕猴桃去皮，切块，放入榨汁机里，加水搅拌榨汁，倒出来后即可饮用。

功能

猕猴桃富含钙、磷、铁，还含有胡萝卜素和多种维生素。

胡萝卜牛肉粥

制作时间：40 分钟

制作难度：★

原料

胡萝卜 3 片，碎牛肉 10 克，大米适量。

做法

1. 将大米打碎，泡 30 分钟；将胡萝卜磨成蓉。

2. 将大米下锅加水煲，水滚后用慢火煲至稀糊。

3. 加入胡萝卜蓉和碎牛肉，煮至牛肉熟透即可。

功能

牛肉含铁，有补中益气、滋养脾胃、强健筋骨等功效。

蔬菜拌牛肝

制作时间：30 分钟
制作难度：★★

原料

牛肝 50 克,番茄、胡萝卜各少许。

做法

1. 将牛肝外层薄膜剥掉之后，用凉水将其血水泡出。

2. 锅中放水，放入牛肝煮烂，然后捣碎。

3. 番茄用开水烫一下，随即剥皮去瓤，并捣碎；胡萝卜去皮，切粒，煮熟后捣碎。

4. 将捣碎的肝泥和番茄泥、胡萝卜泥拌匀，即可食用。

功能

此菜绵润嫩滑，鲜香美味，营养丰富。牛肝中维生素 A 的含量远远超过奶、蛋、肉、鱼等食品，对保护眼睛，保护视力有益；胡萝卜含有丰富的维生素，有健脾和胃、补肝明目等功效。

苹果杏泥

制作时间：30 分钟
制作难度：★

原料

　　杏干 20 克，苹果 2 个。

做法

　　1. 将杏干清洗干净，在冷水中浸泡 1 小时。

　　2. 用小火连水带杏干煮约 20 分钟，或煮至杏干变软成糊状，冷却。

　　3. 苹果去皮去核，切片，放入少许水中煮软；将煮好的苹果和冷却后的杏糊搅拌成泥状，即可喂食宝宝。

功能

　　苹果中含有多种维生素、矿物质、糖类、脂肪等大脑所必需的营养成分。苹果中的纤维能促进宝宝的生长发育。苹果中所含的锌对增强宝宝的记忆十分有益。杏能够生津止渴、润肺化痰、清热解毒。

什锦甜粥

制作时间：40 分钟
制作难度：★

原料

小米、大米、花生米、绿豆、大枣、核桃仁、葡萄干各适量，白糖少许。

做法

1. 将各种原料分别淘洗干净，大枣洗净后去核。

2. 将绿豆放入锅内，加适量水，七成熟时，再向锅内加水，下入小米、大米、花生米、核桃仁、葡萄干、大枣，开锅后，转成微火煮至烂熟，吃时加少许白糖。

功能

绿豆可清热解毒、清暑益气、止渴利尿；核桃有健胃，补脑益智作用。

蔬菜豆腐泥

制作时间：30 分钟
制作难度：★

原料

胡萝卜 5 克，嫩豆腐 1/6 块，荷兰豆 1/2 根，蛋黄 1/2 个。

做法

1. 胡萝卜去皮，与荷兰豆煮熟后，切成极小的块。

2. 将胡萝卜块、荷兰豆与水放入小锅，嫩豆腐边捣碎边加进去，煮到汤汁变少；最后将蛋黄打散加入锅里煮熟即可。

功能

这道菜色彩鲜艳、口感嫩滑、营养丰富，能为宝宝身体发育提供必需的营养元素。

猕猴桃银耳羹

制作时间：50 分钟
制作难度：★★

原料

猕猴桃 1 个，泡发银耳 3 朵，莲子、冰糖少许。

做法

1. 泡发银耳去掉根部，撕成小朵；莲子去心；猕猴桃去皮，切成薄片。

2. 锅内放入足量清水，将银耳倒入。旺火煮开后，倒入莲子，微火熬煮约 40 分钟。

3. 放入冰糖熬化，放入猕猴桃。

功能

猕猴桃富含碳水化合物、膳食纤维、维生素 C、维生素 A、叶酸等营养素。

肉末茭白

制作时间：20 分钟
制作难度：★★

原料

茭白 100 克，猪肉末 50 克，色拉油适量。

做法

1. 将茭白老壳去掉，洗净，从中间剖开，切成小片。

2. 炒锅上火，倒入色拉油，色拉油热后放入猪肉末，炒至猪肉末变色时，再放入茭白炒，直至熟透即可。

功能

茭白质地鲜嫩，味甘，有祛热、止渴、利尿的功效，夏季食用尤为适宜。

青菜粥

制作时间：60 分钟
制作难度：★

原料

大米 100 克，青菜叶（菠菜、油菜或小白菜的叶子）30 克，香油少量。

做法

1. 将青菜洗净，放入开水锅内煮软，将其切碎，备用。

2. 将大米洗净，用水浸泡 1 个小时，放入锅内煮 30 分钟，在停火之前加入切碎的青菜，再煮 10 分钟，加香油调味即可。

功能

此粥黏稠适口，含有宝宝发育需要的蛋白质、碳水化合物、钙、磷、铁和维生素 C、维生素 E 等多种营养素。

131

草莓橘子拌豆腐

制作时间：20 分钟

制作难度：★

原料

　　草莓 2 个，橘子 3 瓣，嫩豆腐 15 克。

做法

　　1. 用盐水洗净草莓，切碎；把橘瓣去核研碎；嫩豆腐在开水锅中煮一下，捞出，研成泥状。

　　2. 把草莓、橘泥、豆腐泥放到一个盘里，拌匀后即可给宝宝喂食。

功能

　　草莓富含多种营养成分，能够增强人体免疫力；橘子味甘酸、性温。一个橘子所含的维生素 C 的量几乎可以满足宝宝一天的需要。

PART 7

宝宝长得太快了
11个月需要更多的
能量

和周忠蜀医生谈辅食

Q 宝宝 11 个月了，开始吃辅食也有半年了，是不是就可以不用特意给宝宝制作辅食，让宝宝跟着大人一起吃饭了？

A 虽然 11 个月的宝宝已经逐步完成了各类辅食的尝试，但是不管是乳牙还是肠胃，并没有完全适应所有的食物，尤其是混搭的食物，不注意的话会给宝宝带来不适症状。所以，宝宝 11 个月的时候，妈妈还是要注意宝宝的饮食，餐数可以逐渐减少，逐步过渡到跟大人饮食时间一致，但是不要求快。

宝宝的营养需求

11 ~ 12 个月是宝宝身体生长较迅速的时期，需要更多的碳水化合物、脂肪和蛋白质。11 个月的宝宝普遍已长出了上、下、中切牙，能咬较硬的食物。相应地，这个阶段的哺喂也要逐步向幼儿方式过渡，餐数适当减少，每餐量增加。

一日营养计划

上午	6：00	母乳或配方奶 250 毫升
	9：30	馒头片 20 克，虾仁菜花 60 克，紫菜汤 80 克
	10：30	蛋糕 50 克
下午	12：00	软饭 35 克，萝卜鸡 100 克，豆奶 150 毫升
	15：00	水果 150 克
	18：30	肉末胡萝卜汤 60 克，番茄鸡蛋面 60 ~ 80 克，果泥 20 克
晚上	21：00	母乳或配方奶 250 毫升
鱼肝油	每天 1 次	
其他	保证饮用适量白开水	

妈妈可能遇到的问题

辅食后期的营养也很重要

宝宝出生后9～11个月，属于辅食后期，在这个阶段继续合理添加辅食，对宝宝的正常生长和发育依然有着重要意义。

这一阶段宝宝体内主要的能量来源于辅食。在这个时期宝宝进入了断奶时期，在这样的转换时期，不但要更加重视辅食的营养和注重食材的变化，连喂养的时间也要与成人"同步"，进行一日三餐、有规律的饮食了。当然，如果每次的食量过多或过硬，宝宝也会因不停地咀嚼而产生疲劳感。此时妈妈安排辅食应遵循营养均衡的原则，并按宝宝的实际需求量进行喂养。

补充断奶时期不足的铁元素。断奶期，宝宝每天的吃奶量会逐量减少。因此，很有可能发生缺铁现象，这时妈妈在为宝宝准备辅食时，要尤为注重选择含铁量较高的食物。如菠菜、猪肉等食物都是首选。此外，有很多品牌婴儿配方奶粉中也注重了铁元素的补充。

11个月的宝宝也不是什么都能吃

有的妈妈可能会问，宝宝到了11个月已经算是个大小孩儿了，添加辅食也有半年时间了，是不是能随意添加食品了？答案是否定的，11个月的宝宝也有不宜添加的食品。

▶ 刺激性大强的食品

含有咖啡因及酒精的饮品，会影响神经系统的发育；汽水、清凉饮料容易造成宝宝食欲不振；辣椒、胡椒、大葱、大蒜、生姜、山芋、咖喱粉、酸菜等食物，极易损害宝宝娇嫩的口腔、食道、胃黏膜。

▶ 高糖、高脂类食物

饮料、巧克力、可乐以及乳酸饮料等含糖太多的食物，油炸食品、肥肉等高脂类食品，都易导致宝宝肥胖。

▶ 不易消化的食品

如章鱼、墨鱼、竹笋等均不易消化。

▶ 太咸、太腻的食品

咸鱼、咸肉、咸菜及酱菜等食物太咸，酱油煮的小虾、肥肉、煎炒油炸食品太腻，宝宝食后极易引起呕吐、消化不良。

▶ 小粒食品及带壳、有渣食品

花生米、黄豆、核桃仁、瓜子、虾的硬皮、排骨的骨渣等，都可能卡在宝宝的喉头或误入气管。

🍲 正确添加辅食可以预防宝宝腹泻

宝宝腹泻比较常见，但并非不能预防。一般来说，只要注意调整饮食的结构，注意卫生和规律，腹泻是可以避免的。

▶ 应保证辅食卫生

在准备食物和喂食前，妈妈和宝宝均应洗手；食物制作后应马上食用，不要给宝宝吃剩的食物；用洁净的餐具盛放食物；喂宝宝的时候，用洁净的碗和杯子。

▶ 辅食添加要合理

由于宝宝消化系统发育还不成熟，调节功能差，消化酶分泌少，活性低，所以开始添加辅食时应注意循序渐进，由少到多，由半流食逐渐过渡到固体食物，特别是脂肪类不易消化的食物不应过早添加。

▶ 喂养辅食要有规律

1 岁以内的宝宝每天可以吃 5 顿，早、中、晚三次正餐，中间加 2 次点心或水果。喂食过多、过少、不规律都可导致宝宝消化系统紊乱而出现腹泻。

▶ 妈妈也要注意饮食

宝宝拉肚子，大多是和喂养不当和饮食有关。如果宝宝还没有断奶，那么妈妈在平时也要注意自己的饮食，不要吃上火的东西、凉的东西；因为，妈妈的饮食跟宝宝是有直接关系的。平时妈妈也要注意给宝宝补水，不要让宝宝缺水。

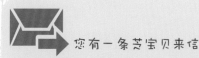

您有一条苦宝贝来信：

如果宝宝腹泻次数持续增加，排出的大便呈水样、腥臭，精神萎靡，拒奶，则应立即到医院就诊。

定点规矩，让宝宝形成良好的进餐习惯

有的宝宝不好好吃饭，一顿饭跑来跑去，喂他们吃饭就像老鹰抓小鸡；还有些宝宝偏食、挑食，喜欢吃的就吃很多，不喜欢吃的，怎么劝也不吃一口。这些情况都很让妈妈头疼，事实上这大多是因为妈妈对宝宝过度溺爱、无原则地迁就、从小没有养成良好的饮食习惯造成的。那么，怎样养成宝宝良好的进餐习惯呢？

▶ 让宝宝自己吃饭

开始添加辅食时由妈妈拿勺喂，慢慢地宝宝能自己吃饭时，就不用喂了。自己吃饭不但能引起宝宝极大的兴趣，还能增强食欲。

▶ 让宝宝定点吃饭

学步早的，一定要让宝宝坐在一个固定的位置吃饭，不能边吃边玩，也不能跑来跑去，否则既会分散宝宝进餐的注意力，进餐时间过长也会影响消化吸收。

▶ 让宝宝定时吃饭

宝宝吃饭的时长最好控制在半小时内，不要无限延长吃饭时间。让宝宝建立良好的饮食习惯。潜移默化地增强宝宝对"一顿饭"与"下一顿饭"的时间概念。

▶ 饭前不能吃零食

宝宝的胃容量很小，消化能力有限，饭前吃零食会让宝宝在吃饭时没有饥饿感而不想吃饭。

▶ 不许挑食、偏食、暴饮暴食

如果宝宝不爱吃什么食物，妈妈千万不要呵斥和强迫，不妨给他讲清道理或讲有关的童话故事（自己编的也可以），让宝宝明白吃的好处和不吃的坏处，家长千万不要在饭桌上谈论自己不爱吃的菜，这对宝宝有很大影响。另外，一定要防止宝宝对爱吃的食物暴食，以免出现，胃肠道疾病或者"吃伤了"，以后再也不吃。

 您有一条芝宝贝来信：

妈妈还应注意宝宝的饮食质量，饭菜的色香味俱全会大大增加宝宝的食欲。

🍴 用点心思，帮宝宝度过一年四季

▶ 宝宝春秋季吃什么辅食防燥

春秋季天气干燥，宝宝体内容易产生火气，小便少，神经系统容易紊乱，宝宝的情绪也常随之变得躁动不安，所以，这种天气应该给宝宝的辅食选择含有丰富维生素 A、维生素 E，能够滋阴清火的食品，对改善干燥症状大有裨益。

南瓜

南瓜所含的 β - 胡萝卜素可由人体吸收后转化为维生素 A，吃南瓜对预防宝宝嘴唇干裂、鼻腔流血及皮肤干燥等症状有辅助效果，可以增强肌体免疫力，改善秋燥症状。小点的宝宝，可以做点南瓜糊，大些的宝宝，可用南瓜拌饭。

藕

鲜藕中含有很多容易吸收的碳水化合物、维生素和微量元素等，宝宝食之有助于清热生津、润肺止咳。可以把藕切成小片，上锅蒸熟后捣成泥给宝宝吃。

还可以做鲜藕梨汁喝。去掉鲜藕和梨不可食的部分，榨成汁，再加点糖即可。

水果

春季水果多，水果能生津止渴，开胃消食，秋季也是盛产水果的季节，苹果、梨、柑橘、石榴、葡萄、大枣等能生津止渴，适合宝宝吃。

干果和绿叶蔬菜

干果和绿叶蔬菜是镁和叶酸的最好来源，缺少镁和叶酸的宝宝容易出现焦虑情绪。镁是重要的强心物质，可以让心脏在干燥的季节保证足够的动力。叶酸则可以保证血液质量，从而改善神经系统的营养吸收。所以，春秋季可以给宝宝适量吃点胡桃、瓜子、榛子、菠菜、芹菜、生菜等。

豆类和谷类

豆类和谷类含有 B 族维生素，维生素 B_1 是人体神经末梢的重要物质，维生素 B_6 有稳定细胞状态、提供各种细胞能量的作用。维生素 B$_1$ 和维生素 B$_6$ 在粗粮和豆类里面含量最为丰富，宝宝春秋季可以每周吃 3～5 次软软的粗粮米饭或用大麦、薏米、玉米粒、红豆、黄豆和大米等熬成的粥。另外，糙米饼干、糙米蛋糕、全麦面包等都可以常吃一些。

含脂肪酸和色氨酸的食物

脂肪酸和色氨酸能消除宝宝的烦躁情绪，有影响大脑神经的作用。想要补充这些营养，可以让宝宝多吃点海鱼、胡桃、牛奶、榛子、杏仁和香蕉等。

▶ 宝宝夏天吃辅食应注意什么

夏天气温高，出汗多，此时需要给宝宝增加食物的供应，增加幅度为 10%～15%。并可适当地让宝宝多进食一点牛奶等奶制品，多吃新鲜蔬菜。还应给宝宝及时补充水分。比如，午睡前或午睡后让宝宝吃点水果，喝点酸奶、菜汤或白开水等。

少量果汁和饮料

果汁口感好，且含有一定量的维生素与矿物质，但缺乏宝宝成长所需的蛋白质与脂肪。若饮用果汁过多，将会影响孩子主餐的进食量，使其体内营养状况失去平衡，造成营养不良，

所以夏天可以让宝宝少量进食果汁或饮料，但每天以不超过 100 毫升为宜。

限制甜食

一方面大量的糖分进入宝宝体内，可升高血糖，造成健康危害；一方面，促使被汗液污染的皮肤上细菌生长，易引起疮疖、痱子、痈肿等皮肤炎症疾患；另一方面，产生大量酸性物质，打破血液的酸碱平衡，从而给多种疾病以可乘之机。

据研究发现，70% 的疾病发生在酸性体质的人身上，所以夏天要减少宝宝对甜食的摄入量。

避免过冷或过热

夏天的时候，天气燥热，宝宝可能会更喜冷食，但是，宝宝的肠胃尚未发育成熟，喂食时，宜选择温和的食物，避免过冷或过烫的食物，以免宝宝不能适应。

种类多变

应多变化食物的种类及外观，增加宝宝的食欲，但是要避免给宝宝喂食味道过重、太油腻的食物。同时，为了鼓励宝宝多吃，少量多餐也是好方法，如给他可以拿在手上的小包子、

小点心，除可让宝宝自行拿握外吸引宝宝对食物的注意力外，还可训练咀嚼能力，一举两得。

干净卫生

做辅食最重要的就是干净卫生，而夏天是最容易滋生细菌的季节，妈妈尤其要重视。

▶ 吃什么辅食帮宝宝度过冬天

宝宝身体娇弱，需要妈妈细心守护，那么在寒冷的冬天怎么给宝宝添加辅食呢？

添加宝宝御寒能力的辅食

冬季寒冷，为增强宝宝御寒能力，在辅食上需要多选用一些高蛋白、高热量的食物，如肉类、蛋类、奶、豆制品，还可多增加些汤菜和烩饭，既暖和又容易消化。

少油脂

冬季饮食虽然要有足够热量但不能有过多油脂，因为有些肠胃吸收功能不好的宝宝食用过量的油脂性食物，可能会发生脂肪性痢疾或肠胃炎。

多果蔬

冬季气候干燥，还应该经常给宝宝吃些蔬菜水果，以提高维生素 C 的摄入量，对防止上呼吸道感染有好处。如胡萝卜、油菜、菠菜及绿豆芽等，避免宝宝发生维生素 A、维生素 B_2 缺乏症。

另外，冬季日照时间短，1 岁以内的宝宝易患因缺乏维生素 D 而引起的佝偻病。所以 1 岁以内的宝宝在冬季尤其要注意多食用富含维生素 D 的食物，如鱼、蛋、奶类及动物肝脏等，还可以在医生指导下加服一定量的维生素 AD 滴剂。

鱼片蒸蛋

制作时间：40 分钟

制作难度：★★

原料

　　鸡蛋2 个，鲜鱼片200克，葱粒、橄榄油各适量。

做法

　　1. 将鱼片加入适量橄榄油拌匀。

　　2. 鸡蛋磕入碗中，搅拌成蛋液。

　　3. 蒸锅加水烧沸，放入盛蛋液的碗，用慢火蒸约 7 分钟，再加入鱼片、葱粒铺放在表面，续蒸 3 分钟后关火，利用余热焖 2 分钟取出即可。

功效

　　鱼类富含蛋白质、钙、铁、磷等营养素，有益于宝宝生长发育。

火腿炒菠菜

制作时间：30 分钟
制作难度：★

原料

火腿肉５０克，菠菜５０克，食用油适量。

做法

1. 将火腿肉切成小片；菠菜择洗干净、焯水、过凉，沥干水，切成段备用。

2. 将食用油放入锅内，热后投入菠菜煸炒几下，再将火腿放入和菠菜一起翻炒至熟即成。

功能

火腿色泽鲜艳，红白分明，美味可口，易被人体吸收。

杂粮米粥

制作时间：50 分钟
制作难度：★

原料

大米、小米、高粱米、苞米渣、糯米各适量。

做法

1. 将所有原料淘洗干净，备用。

2. 锅中水开后放入最大粒的米，如苞米渣先煮，煮软后放高粱米，按照米粒大小依次下锅，煮至粥烂即可。

功能

玉米中的磷、维生素 B_1 的含量居谷类食物之首；高粱米富含蛋白质、铁、维生素 A、脂肪等营养物质。

银鱼蛋饼

制作时间：40 分钟
制作难度：★★

原料

银鱼 100 克，鸡蛋 2 个，食用油适量。

做法

1. 鸡蛋打入碗里。银鱼用清水浸泡洗净。

2. 锅里放食用油，烧热后先把银鱼翻炒一下，盛出。

3. 锅里再加油，把蛋液倒入，轻轻推动，呈半凝固状时将银鱼倒在蛋上，小火略煎，煎至两面微黄即可。

功能

这道菜滑嫩柔韧，营养丰富，滋阴润燥，清肺利咽，易于宝宝的消化和吸收。

清蒸鳕鱼

制作时间：40 分钟
制作难度：★

原料

鳕鱼肉 50 克，葱、姜、酱油各适量。

做法

1. 将鳕鱼肉洗净放在盘中；葱、姜切细丝置鳕鱼身上，淋上一小勺酱油。

2. 入锅蒸熟即可。

功能

鳕鱼肉质很鲜嫩，且鱼刺较大，几乎没有小刺，给幼儿吃比较安全。鳕鱼可提供 DHA、蛋白质、钙、铁、锌和维生素 A、维生素 D、维生素 E 等。有助于增强消化功能和免疫力。

三色肝末

制作时间：40 分钟
制作难度：★★

原料

　　猪肝、葱头、胡萝卜、番茄、菠菜各适量，肉汤少许。

做法

　　1. 将猪肝洗净用开水烫一下，然后切碎；葱头、胡萝卜均去皮洗净切碎；番茄用开水烫一下，剥去皮，切碎；菠菜择洗干净，切碎。

　　2. 把切碎的猪肝、葱头、胡萝卜放入锅内加肉汤煮熟后加番茄、菠菜，稍煮片刻即可出锅。

功能

　　猪肝、菠菜含有丰富的锌，这道菜色彩鲜艳，口感清淡，很适合缺锌的宝宝食用。

鸭肾粥

制作时间：50 分钟
制作难度：★

原料

　　鸭肾 2 个，小米 20 克，水适量。

做法

　　1. 将小米洗净晾干，再打成稍碎后泡半小时；鸭肾切开洗净。

　　2. 把小米与鸭肾一起下锅加水煮，水开后用慢火煲至稀糊状。

　　3. 把鸭肾取出，喂宝宝吃粥。

功能

　　动物的肝和肾是含铜最多的食材之一，宝宝在婴幼儿时期每天需铜约 1 毫克，摄入不可过量，否则会出现中枢神经系统抑制状，如嗜睡、反应迟钝等，严重时会使宝宝智力低下。

蛋皮拌菠菜

制作时间：30 分钟
制作难度：★

原料

鸡蛋 1 个，菠菜 100 克，油适量，香油、芝麻各少许。

做法

1. 鸡蛋打散，摊成蛋皮，切成细丝。

2. 将菠菜洗净，放入开水锅内稍烫捞出，切成小段，放入盘内。

3. 将油烧热，浇在盘内，加少许香油，蛋丝围在菠菜旁边，撒上芝麻。

功能

菠菜富含铁、维生素、叶酸等营养素。对预防口角炎等维生素缺乏症的发生有益。

玉米排骨汤

制作时间：150 分钟
制作难度：★

原料

排骨 30 克，新鲜的玉米 30 克，水适量。

做法

1. 排骨切成小块放入开水中焯去血沫；玉米切成小段。

2. 将排骨、玉米一起放入盛有凉水的锅中，用小火煮 1 个小时（如果有时间可以用砂锅慢煲 2 个小时左右，味道更好）。

功能

玉米中的维生素 B_6、维生素 B_3 等营养素可刺激肠胃蠕动，有利于宝宝顺利排便。

鱼蓉丸子面

制作时间：40 分钟
制作难度：★★

原料

黄花鱼肉 100 克，鸡蛋 1 个，手擀面 60 克，淀粉少许。

做法

1. 将黄花鱼肉剁成蓉，放鸡蛋、淀粉搅拌。

2. 锅里水烧开后，将拌好的鱼蓉挤成丸子放到锅里，丸子漂起后，盛起。

3. 将面煮熟后，捞起与鱼丸放一起。

4. 锅内倒入鱼汤煮沸，盛入鱼丸碗中，拌匀即可食用。

功能

黄花鱼富含蛋白质和维生素等。

二米红枣粥

制作时间：30 分钟
制作难度：★

原料

小米 50 克，粳米 50 克，红枣 5 颗。

做法

1. 红枣洗净，用温水泡软。

2. 小米和粳米淘洗干净备用。

3. 锅中加入清水，烧开后加入小米、粳米、红枣，大火烧至滚沸，再改成小火慢熬至黏稠即可。

功能

小米含有丰富的 B 族维生素，可防止消化不良，具有健胃除湿的功效。

肉松饭

原料

鸡肉末 1 大匙，米饭 1 碗。

做法

1. 将鸡肉末放入锅内，加少量水煮，边煮边用筷子搅拌，使其均匀混合，煮好后放在米饭上一起焖。

2. 饭熟后盛入小碗内，切一片胡萝卜放在米饭上作为装饰。

功能

本品含有足够的蛋白质和丰富的脂肪、铁、钙、磷、锌及维生素 A 等营养素。

西瓜水果盅

原料

西瓜 1/2 个，草莓 10 颗，桃肉 30 克，菠萝肉 30 克，荔枝肉 5 个。

做法

1. 菠萝肉切块，桃肉切块，草莓切成两半备用。

2. 把西瓜底部横切一刀，留底；将瓜瓤挖出来；去籽，切块；然后与菠萝块、桃肉块、草莓、荔枝肉一起装入掏空的西瓜肉即可。

功能

西瓜味道甘甜多汁，既能祛暑热解渴，又有很好的利尿作用；菠萝味甘性温，具有解暑止渴、消食止泻的功效；荔枝肉含丰富的维生素 C 和蛋白质，有助于增强机体免疫力。

鸡汁草菇汤

制作时间：20 分钟
制作难度：★

原料

鸡汤 1 碗，鲜草菇 5～ 6 个。

做法

1. 鲜草菇切片。

2. 鸡汤沸后，加入草菇，煮至草菇入味即可。

功能

草菇对于排除宝宝体内污染、毒素有益。

葡萄枣杞糯米粥

制作时间：35 分钟
制作难度：★

原料

糯米、大枣、枸杞子、葡萄干各适量。

做法

1. 将糯米洗净浸泡 1 个小时备用，大枣洗净去核，葡萄干、枸杞子浸泡后洗净。

2. 泡好后的糯米加入锅中，旺火煮开后转微火煮 30 分钟左右，加入红枣、葡萄干、枸杞子，用勺子搅拌一下，再用微火煮 5 分钟左右即可。

功能

葡萄干中含有多种维生素和氨基酸，铁和钙的含量也十分丰富，是体弱贫血宝宝的滋补佳品。

萝卜豆浆

制作时间：20 分钟
制作难度：★

原料

　　胡萝卜 100 克，黄豆 40 克，柠檬汁 5 克，香油 10 克。

做法

　　1. 胡萝卜洗净，切片，与浸泡后的黄豆一起磨碎，取汁。

　　2. 将胡萝卜和黄豆汁煮沸后倒入杯中，加入柠檬汁及香油搅匀即可。

功能

　　黄豆营养价值很高，富含蛋白质及镁、铁等微量元素。镁是人体生化代谢过程中必不可少的元素，对维护中枢神经系统的功能、抑制神经、肌肉的兴奋性、保障心肌正常收缩等都起到良好的作用。

鱼菜米糊

原料

米粉、鱼肉和青菜各 20 克。

做法

1. 将米粉酌加清水浸软，搅成糊，入锅，大火烧沸约 8 分钟。

2. 将青菜、鱼肉洗净后，分别剁泥，一起放入锅中，续煮至鱼肉熟透即可。

功能

提供动物和植物蛋白，碳水化合物，B 族维生素、维生素 A、维生素 C、维生素 D 等。

栗子糯米皮蛋粥

原料

栗子、糯米、皮蛋、清水各适量。

做法

1. 栗子去皮；皮蛋去皮、切丁；糯米洗净浸泡 1 小时。

2. 将糯米、栗子放入锅中，加入清水熬至黏稠。

3. 放入皮蛋，熬制片刻即可。

功能

栗子含有相当多的碳水化合物，比其他坚果多了 3~4 倍，蛋白质和脂肪较少，提供热量比其他坚果少了一半以上。栗子含有维生素 B_2，常吃能辅助预防宝宝口舌生疮。

PART8

一周岁了
辅食都快成主食啦

和周忠蜀医生谈辅食

Q 宝宝一周岁，基本上所有大人能吃的食物宝宝都尝试过，那饮食上还需要注意哪些问题？

A 一周岁的宝宝饮食上要特别注意营养均衡。宝宝有了自己的喜好，对于自己不喜欢吃的食物往往会拒绝食用或者食用量较少，长此以往，宝宝的营养就会失衡。所以妈妈在给宝宝制作辅食的时候一定要多花心思，把宝宝不喜欢吃的食物换一些制作方式，让宝宝营养均衡，健康成长。

宝宝的营养需求

有些 12 个月的宝宝已经或即将断母乳了，食品结构会有较大的变化，乳品虽然仍是主要食品，但添加的食品已演变为一日三餐加 2 顿点心，提供 2/3 以上的能量，成为宝宝的主要食物。这时食物的营养应该更全面和充分，除了瘦肉、蛋、鱼、豆浆外，还有蔬菜和水果。食品要经常变换花样，巧妙搭配。

一日营养计划

上午	6：00	母乳或配方奶 250 毫升
	8：00	鲜肉小包子 30 克，豆奶 150 毫升
	10：30	蛋糕 50 克
下午	12：00	软饭 35 克，清烧鱼 120 克，菠菜汤 70 克
	15：00	水果 150 克
	18：00	番茄鸡蛋面 120 克
晚上	21：00	母乳或配方奶 250 毫升
鱼肝油	每天 1 次	
其他	保证饮用适量白开水	

妈妈可能遇到的问题

🍴 12 个月大的宝宝辅食你会做吗

12 个月的宝宝虽可接受大部分食品，但消化系统的功能尚未发育完善，所以仍需坚持合理烹调辅食。

▶ 辅食要安全、易消化

面食以发面食物为宜，面条要软、烂；米应做成粥或软饭；肉菜要切成小丁；花生、栗子、核桃要制成泥；鱼、鸡、鸭要去骨、去刺，切碎后再食用；水果类应去皮、去核后再喂。

▶ 烹调要科学

尽量保留食物中的营养，熬粥时不要放碱，否则会破坏食物中的水溶性维生素；油炸食物会破坏食物中的 B 族维生素；肉汤中含有脂溶性维生素，要做到既吃肉又喝汤，才会获得各种营养素。

▶ 营养均衡

12 个月的宝宝，要保证饮食均衡，肉、鸡蛋、奶制品、水果蔬菜、谷类要均衡食用。要注意胆固醇和其他脂肪对宝宝的生长发育非常重要。可以多给宝宝买一些冻干鲜水果脆片当做零食，陪宝宝玩的时候让宝宝吃一些，有助于增强宝宝免疫力。

🍴 1 岁内的宝宝不能吃蜂蜜

蜂蜜含有多种营养成分，营养价值比较高，历来被认为是滋补的上品，但 1 岁以内的宝宝不宜食用。这是因为蜜蜂在采蜜时，难免会采集到一些有毒的植物花粉，或者将致命病菌肉毒杆菌混入蜂蜜，宝宝食用以后会出现不良反应，比如，便秘、疲倦、食欲减退等。另外，蜂蜜中还可能含有一定的雌性激素，如果长时间食用，可能导致宝宝提早发育。

🍴 食用豆浆学问多

豆浆是我们日常生活中最常见的饮品，因为豆浆不仅营养丰富，而且制作

简单方便。宝宝已经一周岁了，妈妈们也想给宝宝喝点豆浆，但是妈妈们要知道喝豆浆也是有禁忌的。

▶ 不要加鸡蛋、红糖

鸡蛋中的蛋白容易与豆浆中的胰蛋白结合，使豆浆失去营养价值；红糖中的有机酸会和豆浆中的蛋白质结合，产生变性的沉淀物，这种沉淀物对人体有害。

▶ 不要与药物同饮

有些药物如红霉素等抗生素类药物会破坏豆浆里的营养成分，甚至产生不良反应。所以宝宝吃药的时候，可暂停食用豆浆。

▶ 不要空腹喝、也不要喝太多

最好不要让宝宝空腹饮豆浆，豆浆里的蛋白质大都会在人体内转化为热量而被消化掉，营养成分不能被宝宝充分吸收。同时，宝宝喝太多豆浆容易引起消化不良，出现腹胀、腹泻的症状。

▶ 不要喝未熟豆浆

生豆浆中不仅含有胰蛋白酶抑制物、皂苷和维生素 A 抑制物，而且含有丰富的蛋白质、脂肪和糖类，是微生物生长的理想条件。因而，给宝宝喝的豆浆必须煮熟。另外，宝宝长期食用豆浆时，不要忘记补充微量元素锌。

🥄 12 个月大的宝宝怎么吃水果

▶ 能吃块状水果了

宝宝快满周岁的时候，也有细心的妈妈还是把水果弄碎后再给宝宝吃，其实，给这个月龄的宝宝吃水果，一般只要切成块让宝宝自己拿着吃就可以了。此外，对宝宝来说没有什么特别好的水果之说，新鲜的时令水果都可以给宝宝吃。

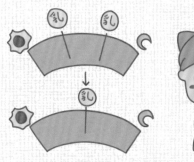

▶ 给宝宝吃无籽水果

给宝宝吃带籽的水果，像番茄中的小子，做不到一个一个地都除去后给宝宝吃时，应尽量给宝宝切无籽的部分；西瓜、葡萄等水果的籽比较大，容易卡在宝宝的食管造成危险，一定要去掉籽后再给宝宝吃。

▶ 吃水果后宝宝大便异样不要惊慌

即使是在宝宝很健康的时候，有时给宝宝新添加一种水果（如西瓜）后，宝宝的大便中都可见到带颜色的、像是原样排出的东西，遇到这种情况，妈妈也不必惊慌，这是因为宝宝的肠道一下子还不能适应这些食物，不能把这些食物完全消化掉。这种情况下，可以先暂停给宝宝吃这种水果，过一段时间再给宝宝尝试。

▣ 什么时间给宝宝吃水果比较好

▶ 餐前餐后不宜吃水果

不主张在餐前给宝宝吃，因宝宝的胃容量还比较小，如果在餐前食用，就会占据一定的空间，由此影响正餐的摄入。

水果中有不少单糖物质，极易被小肠吸收，但若是积在胃中，就很容易形成胀气，以至引起便秘。所以，在饱餐之后不要马上给宝宝食用水果。

▶ 两餐之间或午睡醒来吃水果最佳

把食用水果的时间安排在两餐之间，或是午睡醒来后，这样，可让宝宝把水果当做加餐吃。每次给宝宝的适宜水果量为 50 ～ 100 克，并且要根据宝宝的年龄大小及消化能力，把水果制成适合宝宝消化吸收的形态，如 1 ～ 3 个月的小宝宝，最好喝果汁，4 ～ 9 个月宝宝则可吃果泥，10 ～ 11 个月的宝宝可以吃削好的水果片，12 个月以后，就可以把切成块的水果直接给宝宝吃了。

如何根据宝宝的体质选用水果

给宝宝选用水果时，要注意与体质、身体状况相宜。舌苔厚、便秘、体质偏热的宝宝，最好给吃凉性水果，如梨、西瓜、香蕉、猕猴桃等。而荔枝、柑橘吃多了却可引起上火，因此不宜给体热的宝宝多吃。消化不良的宝宝应吃熟苹果，而食用配方奶便秘的宝宝则适宜吃生苹果。

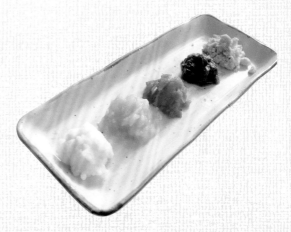

您有一条未读提醒：

宝宝吃柑橘前后的 1 个小时内不宜喝牛奶，因为，柑橘中的果酸与牛奶中的蛋白质相遇后，即刻发生凝固，影响柑橘中的营养素吸收。

断奶后宝宝的饮食应更丰富

▶ 主食以谷类为主

宝宝断奶后，每天的主食就可以是米粥、软面条、麦片粥、软米饭或玉米粥中的任何一种，每天的进食量为 2 ~ 4 小碗（100 ~ 200 克）。此外，还应该适当给宝宝添加一些点心。

▶ 补充蛋白质和钙

断奶后的宝宝少了一种优质蛋白质的来源，而这种蛋白质又是宝宝生长发育必不可少的。牛奶是断奶后宝宝理想的蛋白质和钙的来源之一，所以，断奶后除了给宝宝吃鱼、肉、蛋外，每天还一定要喝牛奶，同时，每天吃高蛋白的食物 25 ~ 30 克，可选以下任一种：鱼肉小半碗，小肉丸子 2 ~ 10 个，鸡蛋1 个，炖豆腐小半碗。

▶ 吃足量的水果

把水果制作成果汁、果泥或果酱，也可切成小块。普通水果每天给宝宝吃半个到 1 个，草莓 2 ~ 5 个，瓜类 1 ~ 3块，香蕉 1 根，每天 50 ~ 100 克。

▶ 吃足量的蔬菜

把蔬菜制作成菜泥或切成小块煮烂，每天大约半碗（50 ~ 100 克），与主食一起吃。

▶ 加餐次数要保证

宝宝的胃很小，对于热量和营养的需要却相对很大，不能一餐吃得太多，最好的方法是每天进 5 ~ 6 次餐。

▶ 品种丰富

宝宝的食物种类要多样，这样才能得到丰富均衡的营养。

▶ 注重食物的色香味，增强宝宝进食兴趣

可适当加些盐、醋、酱油，增强宝宝进食的兴趣，但不要加味精、人工色素、辣椒、八角等调味品。

给宝宝选点心要慎重

断奶后，宝宝尚不能一次消化许多食物，一天仅吃几餐饭，尚不能保证生长发育所需的营养，所以除了已经添加过的辅食外，还应添加一些点心，作为正餐的补充。给宝宝吃点心应注意以下几个方面。

▶ 选一些易消化的米面食品作点心

此时宝宝的消化能力虽已大大进步，但与成人相比还有很大差距，因此，给宝宝吃的点心，要选择易消化的米面类；糯米做的点心不易消化，也易让宝宝噎着，最好不要给宝宝吃。

▶ 不选太咸、太甜、太油腻的点心

太咸、太甜、太油腻的点心也不宜消化，易加重宝宝肝肾的负担。再者，

甜食吃多了不仅会影响宝宝的食欲，也会大大增加宝宝患龋齿的概率。

▶ 不选存放时间过长的点心

有些含奶油、果酱、豆沙、肉末的点心存放时间过长，或制作过程中不注意卫生，会滋生细菌，容易引起宝宝肠胃感染、腹泻。

▶ 点心只作为正餐的补充

点心味道香甜，口感好，宝宝往往很喜欢吃，容易吃多了而减少其他食物的量，尤其是对正餐的兴趣。妈妈一定要掌握这一点，在两餐之间宝宝有饥饿感、想吃东西时，适当加点点心给宝宝吃，但如果加点心影响了宝宝的正常食欲，最好不要加或少加。

▶ 加点心最好定时

点心也应该每天定时，不能随时都喂。比如，在饭后 1 ~ 2 小时适量吃些点心，是利于宝宝健康的；吃点心也要有规律，比如，上午 10 点，下午 15 点，不能给宝宝吃耐饥的点心，否则，等到正餐时间，宝宝就不想吃了。

萝卜鸡末

制作时间：40 分钟
制作难度：★

原料

鸡胸肉 50 克，白萝卜 100 克，海米 10 粒。

做法

1. 将鸡胸肉洗净，切成肉末备用。白萝卜切薄片，焯后控去水分备用。

2. 海米入汤煮开，把鸡肉末、白萝卜片入锅，边煮边用筷子搅拌至熟透。

功能

这道菜口感清淡，营养丰富。可以为宝宝提供钙、蛋白质、维生素 C、纤维素等多种营养素。

乳香白菜

制作时间：30 分钟
制作难度：★

原料

嫩白菜 200 克，鲜牛奶 80 毫升，盐少许，水淀粉、油各适量。

做法

1. 将白菜洗净，切成筷子粗备用。

2. 锅置旺火上，将油烧八成热，放入白菜炒至酥烂时放入鲜牛奶搅匀，加盐，用水淀粉勾薄芡，再淋上油即可。

功能

白菜的营养成分丰富，富含胡萝卜素、维生素、膳食纤维以及蛋白质、脂肪和钙、磷、铁等。

豆腐饼

制作时间：40 分钟
制作难度：★★

原料

牛肉 20 克，胡萝卜 20 克，豆腐 50 克，油、牛奶、面包粉、蛋黄各适量。

做法

1. 将牛肉切碎，胡萝卜擦碎。

2. 将碎牛肉、豆腐、碎胡萝卜、牛奶、面包粉、蛋黄等一起搅拌均匀至有韧性。

3. 煎锅内放油，将拌好的材料捏成扁平状的小饼，下锅，煎熟即可。

功能

豆腐富含的谷氨酸是大脑赖以活动的物质，常吃豆腐对大脑发育有帮助。

豆腐凉菜

原料

卷心菜叶 20 克，胡萝 20 克，豆腐 50 克。

做法

1. 将卷心菜叶、胡萝卜焯一下，并切碎。

2. 将豆腐捣碎之后除去水分，与切好的蔬菜一起拌好即可。

功能

卷心菜富含维生素 C、维生素 E、β-胡萝卜素等微量元素，对宝宝身体发育有益。

内酯豆腐

原料

内酯豆腐 100 克， 油、香葱末各少许。

做法

1. 内酯豆腐切成小丁，放在盘子里码好，撒上香葱末。

2. 在炒勺里倒入少许油，油热后停火。

3. 把热油慢慢地浇在豆腐上，搅拌均匀即可。

功能

内酯豆腐含钾、钙、镁、磷、维生素 C、膳食纤维、蛋白质等营养元素。

虾仁蛋饺

制作时间：50 分钟
制作难度：★★

原料

虾仁 100 克，鸡蛋 1 个，小白菜 30 克，食用油适量。

做法

1. 将虾仁洗净切丁，放入碗中备用。

2. 小白菜洗净去根切碎，与虾仁放在一起搅拌均匀。鸡蛋打入碗中，打成蛋液。

3. 锅中倒入食用油，烧至五成热，倒入部分蛋液，炒熟捣碎，放入虾仁与小白菜拌成的馅。

4. 取平锅，放少许食用油，油热后，舀一勺蛋液放入锅中，把蛋液摊成圆皮，每个皮中放一份馅，将蛋皮对折，包成蛋饺。

5. 将蛋饺放入蒸锅中蒸 10 分钟左右即可。

功能

虾仁是蛋白质含量很高的食品之一，是鱼、蛋、奶的几倍甚至十几倍。另外，虾类含有甘氨酸，这种氨基酸的含量越高，虾的甜味就越高。

鲜香排骨汤

制作时间：50 分钟
制作难度：★

原料

排骨 100 克，海带、水各适量，葱段、姜片各少许。

做法

1. 将海带浸泡 20 分钟，取出后用清水洗净，切成长方形；将排骨洗净，切成小块，放入沸水中焯过，捞出备用。

2. 高压锅内加入适量清水，放入排骨、葱段、姜片，用旺火烧沸，撇去浮沫，烧开后中中火焖烧 15 分钟，倒入海带，再用旺火烧沸 5 分钟即可。

功能

海带富含矿物质、维生素，对儿童的身高和智力发育有良好的作用。

鸡蛋软饼

制作时间：40 分钟
制作难度：★

原料

鸡蛋 1 个，面粉 30 克，油、水、香葱末各适量。

做法

1. 将鸡蛋打散备用。

2. 在面粉中加入鸡蛋液，放入适量水及香葱末，调匀成稀糊状。

3. 平锅内擦少许油烧熟，将调好的鸡蛋面粉糊放入摊开，摊成软饼，烙透即可。

功能

鸡蛋是人类最好的营养来源之一，鸡蛋中含有大量的维生素、矿物质及蛋白质。鸡蛋的蛋白质品质最佳，仅次于母乳。

韭菜水饺

制作时间：50 分钟
制作难度：★★

原料

面粉、猪肉、韭菜各适量，葱末、姜末、香油、酱油各少许。

做法

1．猪肉洗净切碎，放入葱末、姜末、香油、酱油搅拌成肉馅；韭菜切细末，与猪肉馅充分搅拌。

2．面粉和好，擀成饺子皮，将肉馅包入饺子皮中，捏饺子。

3．锅里烧开水，把包好的饺子放进去煮熟捞出即可。

功能

韭菜富含维生素及矿物质。

翡翠虾仁

制作时间：40 分钟
制作难度：★

原料

虾仁50克，荸荠100克，黄瓜1根，食用油、葱丝、盐、淀粉各适量。

做法

1．虾仁洗净、泡软后捞出；荸荠削去皮，洗净，切片；黄瓜洗净，切片。

2．锅里放食用油热后把葱丝爆香，放入虾仁、料酒煸炒，再放入荸荠片、黄瓜片快炒2分钟，放入盐，用湿淀粉勾芡装盘。

功能

这道菜脆嫩清爽，鲜香有味，含有丰富的优质蛋白和各种维生素、矿物质，对宝宝的生长发育很有好处。

芝麻酱拌豇豆

制作时间：20 分钟
制作难度：★

原料

豇豆 100 克，香油、芝麻酱各少许。

做法

1. 将豇豆洗净，切成小段，锅内烧开水，放入豇豆烫熟，捞出晾凉。

2. 碗内放入香油、芝麻酱拌匀即可。

功能

豇豆富含的维生素 B，能维持正常的消化腺分泌和胃肠道蠕动的功能，抑制胆碱酯酶活性，可帮助消化，增进食欲。而豇豆中所含维生素 C 能促进抗体的合成，提高机体抗病毒的作用。

枣泥

制作时间：20 分钟
制作难度：★

原料

　　红枣 3 ~ 6 枚。

做法

　　1. 将红枣洗净，蒸熟或煮熟。

　　2. 待红枣稍凉时去皮、去核，然后碾成枣泥。

功能

　　红枣含有蛋白质、脂肪、有机酸、维生素 A、维生素 C、多种氨基酸等丰富的营养成分，有养血安神作用。

奶香冬瓜

制作时间：30 分钟
制作难度：★

原料

　　冬瓜 150 克，配方奶 100 毫升，虾仁适量，湿淀粉少许。

做法

　　1. 冬瓜削皮，洗净，切片；虾仁用水洗一下，浸泡。

　　2. 将汤锅置于火上，放入配方奶、冬瓜、虾仁，熬煮至冬瓜烂熟，用湿淀粉勾芡即可出锅。

功能

　　冬瓜富含蛋白质、维生素及钾、钠、钙、铁、锌等多种营养素。

凉拌茄子

制作时间：20 分钟
制作难度：★

原料

　　茄子 100 克，香油适量。

做法

　　1. 茄子洗净，削皮，切成小段，放在碗里，上屉用大火蒸 10 分钟。

　　2. 待茄子软烂后，滗汁，倒入盘中。

　　3. 晾凉后加入香油，拌匀即可。

功能

　　茄子中含有蛋白质、维生素 E、维生素 P 以及钙、磷、铁等多种营养成分。

土豆沙拉

制作时间：25 分钟

制作难度：★★

原料

土豆 1 个，洋葱 1/2 个，鸡蛋 1 个，面粉、油、醋、盐、白糖各适量。

做法

1. 将土豆洗净煮熟，去皮，切成小圆片放入盘中；鸡蛋搅散；洋葱切碎。

2. 锅里倒油，油热后加入洋葱，炒成金黄色，加入面粉、盐、白糖搅拌，搅拌均匀后加入水，炖 2 分钟，同时持续搅拌，再加入鸡蛋液和醋，调成沙拉。

3. 将沙拉倒入盛土豆片的盘中即可。

功能

土豆含多种维生素和微量元素。

排骨金针菇汤

制作时间：50 分钟

制作难度：★★

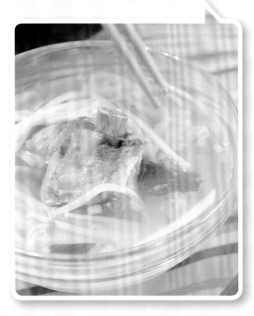

原料

排骨 100 克，金针菇 50 克，盐、芹菜末各少许。

做法

1. 将排骨放入盛有凉水的锅内，不用加油，大火煮沸。

2. 撇去浮沫，加入金针菇，小火慢炖 30 分钟，放入芹菜末、盐即可。

功能

排骨富含蛋白、脂肪、维生素及磷酸钙、骨胶原、骨黏蛋白等。

鸡汤青菜小·馄饨

制作时间：40分钟
制作难度：★★

原料

鸡胸肉50克，时令蔬菜适量，馄饨皮10个，鸡汤350毫升，葱末、姜末、香油、酱油各适量。

做法

1. 鸡胸肉洗净剁碎；时令蔬菜剁碎后挤出水分。

2. 把鸡肉末、蔬菜末、葱末、姜末、香油、酱油搅拌均匀，调成馅料，用馄饨皮包10个小馄饨。

3. 鸡汤倒入锅中烧开，下入小馄饨，煮熟即可。

青菜中大都含有矿物质和维生素。而各种青菜中，小白菜所含的钙是大白菜的2倍，所含维生素C约是大白菜的3倍多，所含胡萝卜素是大白菜的74倍，所含的糖类和碳水化合物略低于大白菜。

莴笋拌银丝

制作时间：30 分钟
制作难度：★★

原料

莴笋 1 根，龙须粉适量，食用油、葱丝、姜丝、花椒粒、醋、盐各少许。

做法

1. 将莴笋去皮、洗净，切细丝，用盐拌匀，放置 10 分钟，沥去水分，备用。

2. 把龙须粉放入锅中煮软，捞出，沥干水分，放在莴笋的上面。

3. 锅中放食用油，油热后放花椒粒煸出香味，捞出花椒粒，放葱丝、姜丝，炒出香味后，倒在莴笋丝和龙须粉丝上面，再放醋，拌匀后即可食用。

功能

莴笋含有丰富的氟元素，对宝宝的牙齿和骨骼的生长有益。

香肠豌豆粥

原料

豌豆、大米、香肠各适量，食用油、葱丝各少许。

做法

1. 锅里放水，将香肠、豌豆、大米同时放入锅内，熬煮至粥黏软。

2. 炒锅上火，倒入食用油，油热后放葱丝煸香，然后将葱丝捞出，倒入煮好的粥锅里，晾凉后即可给宝宝食用。

功能

豌豆中富含维生素 C 和优质的蛋白质，胡萝卜素和粗纤维，还含有多种微量元素，是一种很好的健康食品。

177

大米花生芝麻粥

制作时间：60 分钟
制作难度：★

原料

　　大米 50 克，核桃 1 个，花生 15 粒，芝麻适量。

做法

　　1. 将核桃、花生切碎，与芝麻一起放在锅内炒熟，待凉后打成粉。

　　2. 大米煮开后，加入芝麻粉、花生粉、核桃粉，小火煮至粥烂即可。

功能

　　芝麻含有大量脂肪和蛋白质、糖类、维生素A、维生素E、钙、铁、镁等营养成分；花生营养价值也极高，含有维生素A、维生素B、维生素E、维生素K等维生素。

PART9

选好营养素 给宝宝更健康的身体

和周忠蜀医生谈辅食

Q 我发现我的宝宝添加了辅食之后会偏食，偏甜的喜欢吃，其他的都不感兴趣，我该怎么办？

A 每个宝宝都有自己的喜好，对宝宝来说，甜食吃多了对口腔的发育有不益的一面。而且偏食会产生营养不均衡，因此，家长应该了解宝宝对各种营养素的需求，有的放矢地给宝宝添加，这一章我们主要讲均衡身体健康发育的各种营养素。

碳水化合物

营养解读

碳水化合物是人体需要量最大的一种营养素，能为宝宝的身体提供热量。1 岁以内的宝宝每日每千克体重需要 12 克碳水化合物。

生理功能

提供宝宝身体正常运作需要的大部分能量，起到保持体温、促进新陈代谢、驱动肢体运动和维持大脑神经系统正常功能的作用。

碳水化合物含有的一种不被消化的纤维，有吸水和吸脂的作用，有助于宝宝大便畅通。

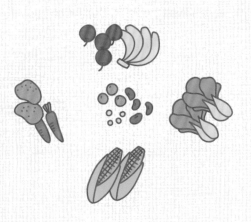

主要来源

碳水化合物的主要食物来源有：蔗糖、谷物（如水稻、小麦、玉米、大麦、燕麦、高粱等）、水果（如甘蔗、甜瓜、西瓜、香蕉、葡萄等）、坚果、蔬菜（如胡萝卜、番薯）等。

缺乏表现

膳食中缺乏碳水化合物时，宝宝会显得全身无力、精神不振，有的宝宝还会出现便秘现象。由于热量不足，会引起体温下降，表现为正常的温度下也畏寒怕冷。如果长期得不到足够的碳水化合物，宝宝的身体发育会迟滞甚至停止，体重也会下降。

营养素知识课堂

糖等于碳水化合物吗

碳水化合物是由碳、氢、氧 3 种元素所构成的一类化合物，由于其分子中氢原子和氧原子的比例与水分子中的一样，都是 2：1，所以被称为碳水化合物。日常人们所说的糖，大多是指蔗糖，也包括一些具有甜味的碳水化合物，如葡萄糖、麦芽糖等。所以，严格地说，糖只是碳水化合物中的一种。婴儿饮食中的糖类多为乳糖和蔗糖。乳糖来源于各种奶类。初生的宝宝能消化、吸收乳糖，但对蔗糖消化能力差。

新生宝宝需要喂糖水吗

不要给新生宝宝喂糖水，因为母乳中含有足够的水分足以保证宝宝的需要，宝宝不会感到口渴。如果给宝宝喂糖水，会影响宝宝的食欲，减少宝宝吸吮时的力度，降低对乳头的刺激，使母乳分泌量减少，甚至还有可能造成奶瓶错觉而拒绝母乳，导致母乳喂养失败。另外，糖水会使宝宝胃内产气增加，易引起肚胀，使用奶嘴喂糖水容易增加感染的机会。

蛋白质、脂肪以及脂溶性维生素缺乏，而且会造成钙、铬等矿物质的缺乏，从而导致宝宝免疫力低下，容易患传染性疾病。

宝宝爱吃米粉，多给他吃一些有问题吗

米粉主要含碳水化合物，虽然碳水化合物是人体摄入量最多的一种营养素，但吃得过多也不利于健康。

 引起肥胖

过多的碳水化合物会在体内转变成脂肪，引起肥胖。

 造成其他营养素的缺乏，免疫力下降

宝宝过多摄入碳水化合物后就会少吃其他营养丰富的食品，不仅容易造成

您有一条芝宝贝来信：

一般来说，碳水化合物所产生的热量以占食物总热量的 50%～60% 为好，若按重量计算，碳水化合物应是蛋白质和脂肪重量的 4 倍左右，太多或太少都不利于健康。

您有一条芝宝贝来信：

半岁以上、1 岁以内开始添加辅食的宝宝，也要控制糖的摄取量，适当减少饼干等含糖食品，在两餐之间不吃或少吃糖果等零食。

脂　肪

营养解读

脂肪的主要功能是供给热量及促进脂溶性维生素 A、维生素 D、维生素 E、维生素 K 的吸收，减少体热散失，保护脏器不受损伤。每克脂肪能提供热量 9 千卡，脂肪提供的热量占每日总热量的 35%～50%。不饱和脂肪酸和饱和脂肪酸是脂肪的主要成分，其中部分不饱和酸在人体内不能由碳水化合物和蛋白质合成，必须由食物供给，因此脂肪为营养素中不可缺少的组成部分。

生理功能

在体内分解产生的热量比同单位蛋白质或碳水化合物高 1 倍多。是构成细胞膜的重要物质。

皮下脂肪有维持正常体温的作用，内脏器官周围的脂肪垫有缓冲外力冲击、保护内脏的作用，提供宝宝生长发育必需的脂肪酸。

有些脂肪中含有维生素 A、维生素 D、维生素 E，并且脂肪能促进这些维生素的吸收。

主要来源

猪肉、牛肉、羊肉、鸡肉、鸡蛋、大豆、花生仁、核桃仁、芝麻、葵花籽、松子仁等。

缺乏表现

婴儿每日每千克体重需要脂肪 4 克，脂肪摄入量不足时，宝宝身体消瘦，面无光泽，还会造成脂溶性维生素 A、维生素 D、维生素 E、维生素 K 的缺乏，从而引发相应的疾病。而且，宝宝的视力发育会受到严重影响，表现为视力功能较差，出现弱视等倾向。

营养素知识课堂

宝宝什么时候应该多摄入脂肪

在冬季，身体需要较多的热量保暖；活动量大的时候，宝宝热量消耗得多，就是应该给宝宝多吃高脂食品的时候。

正确给宝宝补充脂肪

供给热能。脂肪是产热最高的一种能源物质，是蛋白质和碳水化合物的 2 倍左右。

构成身体组织，如磷脂、胆固醇等类脂质是构成细胞的重要成分。

供给必需的脂肪酸。亚油酸、亚麻酸和花生四烯酸在体内不能合成，必须由食物供给。而必需脂肪酸对脑细胞的发达和神经纤维髓鞘的形成，维持皮肤和毛细血管的健康，促进生长发育等十分重要的作用。

促进脂溶性维生素 A、维生素 D、维生素 E、维生素 K 的吸收，有些脂肪如鱼肝油本身就含有丰富的维生素 A、维生素 D。

维持体温和保护脏器。

提高膳食的味道，增进食欲。

蛋白质

营养解读

蛋白质是人体结构的主要成分，其含量仅次于水。婴幼儿的生长发育较快，不仅修复机体组织需要蛋白质，而且生长发育需要蛋白质。每克蛋白质能提供热量 4 千卡，宝宝每日由蛋白质提供的热量占每日总热量的 8%～15%。蛋白质由 20 余种氨基酸组成，其中 9 种氨基酸是宝宝肌体生长发育所必需的。如果必需氨基酸供给不足，就不能合成足够数量的人体需要的蛋白质。

生理功能

是构成细胞、组织和器官的主要材料，婴幼儿的生长发育离不开蛋白质。对维持体内酸碱平衡和水分的正常分布有重要作用。

在宝宝体内新陈代谢过程中起催化作用的酶、调节生长和代谢的各种激素以及有免疫功能的抗体都是由蛋白质构成的。

当食物中蛋白质的氨基酸组成和比例不符合宝宝身体的需要时，或者摄入蛋白质超过身体合成蛋白质的需要时，多余的蛋白质就会被氧化分解，为身体提供热能。

主要来源

奶、蛋、鱼、瘦肉等动物性食物蛋白质含量高、质量好；大豆、谷类含有丰富的优质蛋白质。

🍜缺乏表现

缺乏蛋白质时，宝宝往往表现为生长发育迟缓、体重减轻、身材矮小、偏食、厌食，同时，对疾病抵抗力下降，容易感冒，破损的伤口不易愈合等。

蛋白质虽是人体所需之一，但是蛋白质也不是吃得越多越好，过多食用蛋白质会增加肝、肾负担，严重时还会引起肾小球动脉硬化等疾病，并阻碍钙吸收。

营养素知识课堂

别的食物咀嚼起来费力，因此肉食一定要做得软、烂、鲜嫩。

 您有一条芝宝贝来信：

宝宝偶尔不吃肉，也不要让宝宝形成自己不吃肉的观念，应照样创造让他吃肉的条件，而且给他吃些鲜嫩易嚼的肉。

🍜 宝宝不吃肉怎么保证得到足够的蛋白质

▶ 通过其他食物补充蛋白质

虽然肉是补充蛋白质的首选食品，但宝宝不吃肉也不必过于担心，因为奶类、豆制品、鸡蛋、面包、米饭、蔬菜等其他食物中也含蛋白质，如果每日平均喝 2 杯奶、吃 3～4 片面包、1 个鸡蛋和 3 匙蔬菜，折合起来的蛋白质总量也有 30～32 克，基本上能满足宝宝的生长需要。

▶ 肉食一定要做得软、烂、鲜嫩

宝宝之所以不爱吃肉，是因为肉比

🍜 蛋白质吃得越多越好吗

在人体所需要的营养素中，蛋白质是最主要的，但蛋白质并非吃得越多越好。蛋白质吃得过多，有以下几方面的弊端。

▶ 增加肝脏的负担

由于胃和小肠来不及消化、吸收，过多的蛋白质完好无损地进入结肠，而结肠中所寄生的大量细菌会将蛋白质分解成许多对人体有害的胺类、硫化氮和氨气等，部分胺类和氨气可被肠壁吸收进入血液中，从而增加了肝脏的负担。

您有一条芝宝贝来信:

由于母乳蛋白质氨基酸的组成优于牛奶，使得母乳蛋白质容易被吸收利用，所以母乳喂养的宝宝每日每千克体重需要蛋白质 2 克，牛奶喂养的宝宝每日每千克体重需要蛋白质 3.5 克。

▶ 加重肾脏的负担

宝宝的消化器官还没有完全成熟，如果蛋白质摄取过量，会增加含氮废物的形成，从而进一步加重肾脏的负担。

▶ 引发疾病

过多的蛋白质会引起肾小球动脉硬化症等疾病。

▶ 影响钙的吸收

过多的蛋白质可促使钙从小便中排泄，因此经常吃高蛋白饮食的人容易发生骨质疏松症。

您有一条芝宝贝来信:

婴幼儿的肝、肾功能较弱，如果突然大量摄入高蛋白质食物后，极容易造成消化吸收障碍，此时在肠道细菌的作用下，会产生大量的含氮类毒物，导致血氨骤然升高，并扩散到脑组织中，进而引起脑组织代谢功能发生障碍，也就是蛋白质中毒症。

水

营养解读

水是人体不可缺少的营养素，人体的各种生命活动都离不开水。婴幼儿正处在迅速生长发育的时期。1 岁以下的宝宝每日每千克体重需水量为 125 ~ 150 毫升，以后每长 3 岁，每千克体重需水量减少 25 毫升。根据这些数据，宝宝每天需要多少水，都可以推算出来。

生理功能

是构成体内细胞的主要成分。
是体内一切代谢反应的媒介。
是输送养分和排泄废物的媒介。
可以调节体温，起润滑的作用。
可以提供一些矿物质和微量元素。

主要来源

宝宝每天需水量的 60% ~ 70% 来自于饮食，30% ~ 40% 靠饮水补充。

缺乏表现

宝宝缺水时会表现为睡眠不安，不明原因地哭闹。如果是在炎热的夏季，还会有体温升高的现象。

营养素知识课堂

到底喝什么水好

许多妈妈愿意给宝宝买饮料喝，认为饮料营养多，宝宝愿意喝。这种认识是不对的，且不说饮料中的添加剂、防腐剂对宝宝身体有伤害，单说饮料中糖分过多，就会影响宝宝食欲，到正餐时间不想吃饭，日久天长，身体会逐渐清瘦。其实白开水才是最好的饮料，因为它口感清爽，不甜腻，不影响食欲，对宝宝生长发育最有利。

怎样给宝宝补水

婴幼儿皮肤结构较差，加上活动时容易出汗，肾脏浓缩尿液的功能不完善，因此对水的需求量比成人更大。怎样给宝宝补水呢？按每日每千克体重计算，1岁以内宝宝每日每千克体重约需水150毫升。如果宝宝体重为6千克，1天需水量为900毫升，再减去一天的奶中所含的水量，假定为750毫升，那么其余150毫升为应补充的水分。补充水的时间应安排在两次喂奶之间。

您有一条芝宝贝来信：

1岁以内的宝宝尚不知道主动喝水，妈妈不要等到宝宝渴急了才给饮水。因为当有口渴的感觉时，宝宝体内的细胞已经脱水了。提倡让宝宝定时定量饮水，这样有利于保持体内经常性的水平衡，维护肌体生理功能和新陈代谢。

维生素A

营养解读

维生素A是脂溶性物质，可以贮藏在体内。维生素A有两种，一种是维生素A醇，是最初的维生素A形态，只存在于动物性食物中；另一种是β-胡萝卜素，在人体内可以转变为维生素A，从植物性及动物性食物中都能摄取。

主要来源

动物性食品，如鱼肝油、肝、奶油、全脂乳酪、蛋黄等；植物性食品，如深绿色有叶蔬菜、黄色蔬菜、黄色水果等，菠菜、豌豆苗、青椒、胡萝卜、南瓜、杏等均含有丰富的维生素A。

生理功能

促进牙齿、骨骼正常生长。

保护表皮、黏膜，使细菌不易伤害；调节上皮组织细胞的生长，防止皮肤黏膜干燥角质化。

调适适应外界光线的强弱，以降低夜盲症的发生，治疗眼球干燥与结膜炎等疾患。

增强对疾病的抵抗力

有抗氧化作用，可以中和有害的游离基。

缺乏表现

缺乏维生素 A 的宝宝皮肤干涩、粗糙，浑身起小疙瘩，形同鸡皮；头发稀疏、干枯、缺乏光泽；指甲变脆；眼睛结膜与角膜（俗称黑眼仁）易发生病变，轻者眼干、畏光、夜盲，重者黑眼仁混浊、形成溃疡。

营养素知识课堂

怎么给宝宝添加维生素 A

维生素 A 的添加应当在医生指导下进行，谨慎选择剂型，并根据宝宝年龄大小及时调整药量及服药期限。一些婴儿食品中已强化维生素 A，如果再有规律地给宝宝服用的话，也需要相应减少维生素 A 的添加剂量。

 您有一条芝宝贝来信：

婴幼儿维生素 A 的日需要量为 400 微克，不可超量，否则会引起中毒。中毒的表现为食欲不振、易于激动，严重的会毛发脱落，肝脾肿大，皮肤干燥、奇痒难忍、皲裂等。

维生素 D

营养解读

维生素 D 是一种脂溶性维生素，存在于部分天然食物中。人体受紫外线的照射后，体内的胆固醇能转化为维生素 D。婴幼儿生长发育很快，对维生素 D 的需求量相对较大。

生理功能

提高肌体对钙、磷的吸收，使血浆

钙和血浆磷的水平达到饱和程度。

促进生长和骨骼钙化，促进牙齿健全。

通过肠壁增加磷的吸收，并通过肾小管增加磷的再吸收。

维持血液中柠檬酸盐的正常水平。

主要来源

天然的维生素 D 来自于动物和植物，如鱼肝油、鱼子、蛋黄、奶类、蕈类、酵母、干菜等；人体皮下组织中，有一种胆固醇经日光中紫外线的直接照射后，也可以变为维生素 D。

缺乏表现

缺乏维生素 D 会导致小儿佝偻病的发生，其体征按月龄和活动情况而不同，6 个月龄内的宝宝会出现乒乓头，5 ~ 6 个月龄的宝宝可出现肋骨外翻、肋骨串珠、鸡胸、漏斗胸等，1 岁左右宝宝学走时，会出现 O 型腿、X 型腿等体征。

 您有一条芝宝贝来信：

母乳中维生素 D 的水平较低，需要给宝宝专门添加，每天添加量约为 400 国际单位，不可过量。过量摄入维生素 D 会导致中毒，早期表现为厌食、恶心、倦怠、烦躁不安、低热、呕吐、顽固便秘和体重下降；后期会出现惊厥、血压升高、心律不齐、烦渴、尿频甚至脱水。宝宝户外活动较多时，要适当减少添加量。

营养素知识课堂

多晒太阳能补充维生素 D 吗

阳光是天然的维生素 D 营养源。有关资料表明，如果暴露着晒太阳，每 1 平方厘米皮肤半小时可产生 20 个国际单位的维生素 D。宝宝每日户外活动两个小时，足够满足自身一天对维生素 D 的需要。进入冬季，宝宝的户外活动较少，可以让宝宝在暖和的房间里开着窗晒太阳，晒时不要"捂"，要让宝宝充分接受大自然给予的"维生素 D 营养源"。

维生素 E

营养解读

维生素 E 是一种具有抗氧化功能的维生素，对婴幼儿来说，维生素 E 对维持肌体的免疫功能、预防疾病起着重要的作用。

生理功能

促进蛋白质更新合成。

调节血小板的黏附力和抑制血小板的聚集作用。

降低血浆胆固醇水平，预防动脉粥样硬化。

抗衰老，能维持正常生殖机能。

主要来源

各种植物油（麦胚油、棉籽油、玉米油、花生油、芝麻油）、谷物的胚芽、许多绿色植物、肉、奶油、奶、蛋等都是维生素 E 良好或较好的来源。

缺乏表现

缺乏维生素 E 的宝宝，主要表现为皮肤粗糙干燥、缺少光泽，生长发育迟缓等。

您有一条芝宝贝来信：

婴儿期维生素 E 的每日推荐供给量为：0～6月龄为 3 毫克，7～12 月龄为 4 毫克。过量摄入维生素 E 会导致中毒，表现为视力模糊、皮肤皲裂、唇炎、口角炎、呕吐、胃肠功能紊乱、腹泻和一些类似于流感的症状，有的宝宝还会出现免疫功能下降、易患病和伤口不易愈合的现象。

营养素知识课堂

哪些宝宝需注意补充维生素 E

▶ 部分新生儿

有的新生儿（主要是早产儿）体内维生素 E 水平较低，可引起溶血性贫血，必须补充维生素 E。

▶ 人工喂养的宝宝

维生素 E 的推荐摄入量是以母乳的提供量为基础的，大约 3 毫克／日。母乳初乳维生素 E 含量为 14.8 毫克／升，过渡乳为 8.9 毫克／升，成熟乳为 2.6 毫克／升；牛乳中维生素 E 的含量仅为母乳的 1/10～1/2，因此人工喂养的宝宝必须注意另行补充。

生理功能

控制血液凝结。

是凝血酶原、转变加速因子、抗血友病因子和司徒因子四种凝血蛋白在肝内合成必不可少的物质。

主要来源

维生素 K 多存在于鱼、鱼子、动物肝、蛋黄、奶油、黄油、干酪、肉类、奶、水果、坚果、蔬菜及谷物等食物中；肠道内的大肠杆菌也能供给人体所需要的维生素 K。

缺乏表现

缺乏维生素 K 的宝宝，身上容易因轻微的碰撞而发生瘀血；严重缺乏维生素 K 的宝宝会在口腔、鼻子、尿道等处的黏膜部位发生无故出血。更严重的甚至出现内脏及脑部出血。

▶ 饮食富含不饱和脂肪（植物油、鱼类油）的宝宝

由于维生素 E 的需要量受饮食中多不饱和脂肪酸含量影响，所以在宝宝食物中含有较多植物油、鱼类油时必须注意维生素 E 的适当补充。

维生素 K

营养解读

维生素 K 又叫凝血维生素，在自然界中分布广泛，一般的动物（包括人类）肠道内微生物均可以合成维生素 K。自然界目前已经发现的维生素 K 有两种：存在于绿叶植物中的维生素 K_1，来自于微生物的维生素 K_2。另外，人工也合成了两种：维生素 K_3、维生素 K_4。最重要的是维生素 K_1 和维生素 K_2。

营养素知识课堂

哪些因素会引起宝宝维生素 K 缺乏

人体自身不能制造维生素 K，只有靠食物中天然产物或肠道菌群合成。而维生素 K 难以通过胎盘吸收，所以，宝宝体内没有多少"老本"可用。

刚分娩出的小宝宝，肠道内还是一片洁净的世界，还没有帮助合成维生素 K 的细菌"安家落户"。

母乳中维生素 K 的含量很低，仅含 1～3 微克 / 升，而牛奶中含 5～10 微克 / 升。

在宝宝患某些疾病需要应用抗生素时，常常将大肠杆菌大量消灭，也有引起维生素 K 缺乏症的可能。

宝宝出生后，可在医生的指导下注射一定量的维生素 K 剂，一个月左右时再给宝宝服用一片维生素 K 即可。

此外，哺乳期的妈妈要注意不要滥用抗生素，同时要均衡饮食营养，多吃富含维生素 K 的食物。添加辅食要及时，让身体尽早具备自造维生素 K 的能力。

您有一条未读提醒：

婴幼儿时期的宝宝每天需要 10～20 微克的维生素 K。如果妈妈在怀孕期间曾经使用抗结核药、抗凝药、抗惊厥药等药物，生出的小宝宝往往容易患有维生素 K 依赖凝血因子缺乏症，并且发病早，病情重。

B 族维生素

营养解读

B 族维生素是水溶性物质，主要参与人体的消化吸收功能和神经传导功能。B 族维生素又可以分为维生素 B_1、维生素 B_2、维生素 B_3、维生素 B_6、维生素 B_{12} 等。

生理功能

▶ 维生素 B_1

在人体中与磷酸结合，能刺激胃蠕动，促进食物排空而增进食欲，并具有营养神经、维护心肌、消除疲劳等作用。

▶ 维生素 B_2

是构成黄酶的辅酶，参加新陈代谢，能促进细胞的氧化还原。

▶ 维生素 B_6

是肌体内许多重要酶系统的辅酶，是宝宝正常发育所必需的营养成分。

▶ 维生素 B_{12}

是宝宝身体制造红细胞和保持免疫系统正常的必要物质。

主要来源

维生素 B_1 主要来源于谷类、豆类、酵母、干果及动物内脏、瘦肉、蛋类、蔬菜等；维生素 B_2 主要来源于动物内脏、禽蛋类、奶类、豆类及新鲜绿叶蔬菜等；维生素 B_6 主要来源于小麦麸、麦芽、动物肝脏与肾脏、大豆、甘蓝菜、糙米、蛋、燕麦、花生、胡桃等；维生素 B_{12} 主要来源于动物肝脏、牛肉、猪肉、蛋、牛奶、奶酪等。

缺乏表现

维生素 B_1 缺乏会引起消化不良，有时还会引起手脚发麻及多发性神经炎和脚气病；缺乏维生素 B_2 时，宝宝容易出现口臭、睡眠不佳、精神倦怠、皮肤"出油"、皮屑增多等，有时会产生口腔黏膜溃疡、口角炎等严重症状。维生素 B_6、维生素 B_{12} 是神经细胞代谢所必需的物质，缺乏时可表现出皮肤感觉异常、毛发稀黄、精神不振、食欲下降、呕吐、腹泻、营养性贫血等。

营养素知识课堂

怎样尽可能保留食物中的 B 族维生素

维生素 B_1、维生素 B_2、维生素 B_6 容易氧化，所以相应的食物宜采用焖、蒸、做馅等方式加工；维生素 B_1 和维生素 B_2 在碱性条件下会分解，而在酸性环境中可耐热，所以可以在烹调时适量加一点醋。

您有一条芝宝贝来信：

各种 B 族维生素之间有协同作用，一次摄取全部的 B 族维生素，要比分别摄取效果更好。

您有一条芝宝贝来信：

由于 B 族维生素都是水溶性的，多余的部分不会贮藏于体内，而会完全排出体外，所以，需要每天补充。

维生素 C

营养解读

维生素 C 是水溶性物质，富含维生素 C 的食品很多，所以正常哺喂的食品基本可以满足宝宝身体对维生素 C 的需要。1 岁以内的宝宝每日所需维生素 C 量为 40～50 毫克。

生理功能

维持细胞的正常代谢，保护酶的活性。

促进氨基酸中酪氨酸和蛋氨酸的代

谢，促使蛋白质细胞互相牢聚。

改善铁、钙的吸收和叶酸的利用率。

改善脂肪特别是胆固醇的代谢，预防心血管病。

促进牙齿和骨骼的生长，防止牙龈出血。

增强肌体对外界环境的抗应激能力和免疫力，减弱许多能引起过敏症的物质的作用。

促进骨胶原的生物合成，利于伤口更快愈合；并能够预防败血病。

主要来源

富含维生素 C 的鲜果有猕猴桃、枣类、柚、橙、草莓、柿子、番石榴、山楂、荔枝、龙眼、芒果、无花果、菠萝、苹果、葡萄；蔬菜中苤蓝、雪里蕻、苋菜、青蒜、蒜苗、香椿、花椰菜、苦瓜、辣椒、甜椒、荠菜等的维生素 C 含量也较多。

缺乏表现

维生素 C 缺乏时肌体抵抗力减弱、易患疾病，表现在宝宝身上最常见的是经常性的感冒。维生素 C 还参与造血代谢等多项过程，缺乏时表现为出血倾向，如皮下出血、牙龈肿胀出血、鼻出血等，同时伤口不易愈合。

营养素知识课堂

烹饪时怎样减少维生素 C 的损失

维生素 C 极易因烹饪而流失，所以应注意：不要将食品切得太细；尽量采用蒸的办法，煮食物时，用水少，以减少维生素 C 的流失；用水煮时，应先将水烧开，然后将食物放入，烹调时间尽量短；食品不要曝晒，以免阳光破坏维生素 C。

您有一条芝宝贝来信：

因为维生素 C 不能在体内储存，所以每天都应摄入一定量的维生素 C；维生素 C 对热很敏感，在烧煮的过程中会被部分地破坏。

钙

营养解读

钙是人体内含量最多的矿物质，大部分存在于骨骼和牙齿之中。钙和磷相互作用，制造健康的骨骼和牙齿；还和镁相互作用，维持健康的心脏和血管。一般 6 个月内的宝宝每天需要 300 毫克钙；7 ~ 12 个月的宝宝每天需要 400 ~ 600 毫克钙。

生理功能

是构成骨骼、牙齿的主要成分。

可降低神经肌肉的兴奋性和维持心肌的正常收缩。

可降低毛细血管和细胞膜的通透性。

主要来源

海产品，如鱼、虾皮、虾米、海带、紫菜；豆制品；鲜奶、酸奶、奶酪等奶制品；蔬菜中的金针菜、胡萝卜、小白菜、小油菜等；另外，鸡蛋中含钙量也较高。

缺乏表现

宝宝缺钙时常表现为：多汗（与温度无关），尤其是入睡后头部出汗，使宝宝头颅不断摩擦枕头，久之颅后可见枕秃圈；烦躁，对周围环境不感兴趣；夜间常突然惊醒，啼哭不止；出牙晚，前囟门闭合延迟；前额高突，形成方颅；缺乏维生素 D 和钙常有串珠肋，即肋软骨增生，各个肋骨的软骨增生连起似串珠样，常压迫肺脏，使宝宝通气不畅，容易患气管炎、肺炎；缺钙严重时，肌肉肌腱均松弛，表现为腹部膨大、驼背，1 岁以内的宝宝站立时有 X 型腿、O 型腿现象。

您有一条芝宝贝来信：

补钙一定要遵医嘱。给宝宝过量补钙会导致钙中毒，中毒患儿可出现呼吸深而有力、烦躁不安、恶心呕吐、嗜睡、口唇发白或青紫等症状，严重的可发生昏迷，抢救不及时甚至危及宝宝生命。

营养素知识课堂

每个宝宝都要补钙吗

宝宝生长速度很快，钙的需要量相对较多，但我国居民每天膳食中钙的摄入量往往达不到推荐的摄入量标准。因此，现在主张宝宝从出生后 2 周起，便应该额外补充钙剂。

您有一条芝宝贝来信：

如果宝宝有经常用头不断摩擦枕头、不如以往活泼、有夜惊等现象，就应想到宝宝可能是缺钙了。

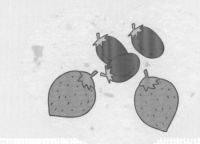

如何选择钙剂

判断钙剂的好坏，除考虑卫生学指标，如细菌含量、重金属（铅、汞、镉）是否超标等，主要有以下参考标准。

▶ 含钙量

不同的钙制剂含钙量相差很大，如碳酸钙含钙40%，而葡萄糖酸钙仅9%，一般情况下应当选用含钙多的钙制剂。

▶ 溶解度

溶解是吸收的前提，应选择溶解度大的钙剂。有些难溶性钙剂（如碳酸钙）会在酸性的胃里转变成溶解度很大的氯化钙，因此，片剂的溶解度也十分重要。

▶ 吸收率

吸收率高低是判断钙剂好坏的重要标准，在排除影响因素之后，钙剂的吸收率越高越好。

▶ 口感

口感也是选择钙剂的重要条件之一。优良的口味可获得宝宝良好的依从性。反之碱性过大的钙盐（氢氧化钙、氧化钙）不仅口感差，而且会刺激胃黏膜，消耗大量胃酸。

▶ 价格

给宝宝补钙是一个长期的过程，在购买前要测算一下"钙价比"。

营养素知识课堂

为什么补钙还缺钙

令很多妈妈非常困惑的是：自己明明给宝宝补钙了，可宝宝偶有不适去看医生，医生说得最多的还是缺钙，这是为何呢？

▶ 同补鱼肝油

单纯补钙并不能增加宝宝对钙的吸收，钙要在维生素D的帮助下才能顺利地被吸收。由于日常膳食中所含的维生素D并不多，而宝宝每天钙的需要量是400国际单位，因此2岁以下的宝宝每天还要补充适量的鱼肝油。同时，宝宝多晒太阳，也能补充维生素D，从而促进钙吸收。

哪些因素会影响钙的吸收率

影响钙剂吸收率的因素很多。人体缺钙后钙吸收率便增高，反之则不高；年龄越小，肠壁通透性好，吸收率也较高；餐后服用钙剂可使胃液分泌增加，胃的排空减慢，因此吸收率较高；一次大剂量口服时的吸收率不如分次小剂量服用；一些膳食因素对钙的吸收影响极大，如植酸、草酸、纤维素等均可影响钙的吸收，而维生素D、氨基酸、乳糖等则可协助钙吸收。

铁

营养解读

铁是造血原料之一。宝宝出生后体内贮存由母体获得的铁，可供 3 ～ 4 个月之需。由于母乳、牛奶中含铁量都较低，如果 4 个月后不及时添加含铁丰富的食品，宝宝就会出现营养性或缺铁性贫血。婴幼儿时期每天铁的供给量为 10 ～ 12 毫克。

生理功能

与蛋白质结合形成血红蛋白，在血液中参与氧的运输。

构成人体必需的酶，参与各种细胞代谢的最后氧化阶段及二磷酸腺苷的生成。

主要来源

富含铁的食物有：动物的肝、心、肾，蛋黄，瘦肉，黑鲤鱼，虾，海带，紫菜，

黑木耳，南瓜子，芝麻，黄豆，绿叶蔬菜等。另外，动植物食品混合吃，铁的吸收率可以增加 1 倍，因为富含维生素 C 的食品能促进铁的吸收。

缺乏表现

铁元素缺乏最直接的危害就是造成宝宝缺铁性贫血。患缺铁性贫血的宝宝常常表现为疲乏无力，面色苍白，皮肤干燥、角化，毛发无光泽、易折、易脱，指甲条纹隆起，严重者指甲扁平，甚至呈"反甲"；易患口角炎、舌炎、舌乳头萎缩；一些患缺铁性贫血的宝宝有"异食癖"，如喜食泥土、墙皮、生米等；约 1/3 患缺铁性贫血的宝宝可出现神经精神症状，易怒、易动、兴奋、烦躁，甚至出现智力障碍。

营养素知识课堂

宝宝缺铁的原因有哪些

宝宝缺铁的原因是多方面的，最常见的有以下几种。

▶ 先天储存铁不足

早产、双胎、胎儿失血及母亲患有严重的缺铁性贫血，都有可能使胎儿储铁减少。

▶ **铁摄入量不足**

单纯用乳类喂养而不及时添加含铁较多的辅食，容易发生缺铁。

▶ **生长发育快**

婴儿期宝宝发育较快，早产儿体重增加更快。随体重增加血液量增加较快，如不添加含铁丰富的食物，宝宝尤其是早产儿很容易缺铁。

▶ **铁流失过多**

正常宝宝每天排泄的铁比成人多。出生后2个月内由粪便排出的铁比由饮食中摄入的铁多，由皮肤损失的铁也相对较多。

富含铁的辅食有哪些

猪肉，每100克猪肉中含铁3.4毫克，蛋白质18.4毫克。猪肉有润肠养胃的功效，是宝宝日常膳食中铁的最常见来源。

牛肉，每100克牛肉中含铁3.2毫克，蛋白质20.1毫克。牛肉营养价值高，并有健脾胃的作用，但牛肉纤维较粗，在给宝宝食用的时候要煮透、煮烂。

鸡肝，每100克鸡肝中含铁13.1毫克，蛋白质16.6毫克。鸡肝富含血红素铁、锌、铜、维生素A和B族维生素等，是宝宝补充铁质的良好选择。

大豆，每100克大豆中含铁9.4毫克，蛋白质32.9毫克。大豆营养丰富，含铁量高，但其所含的铁较动物性来源的铁吸收率要稍差一些。

蛋黄，每100克蛋黄中含铁10.2毫克，蛋白质15.2毫克。蛋黄含有丰富的铁、锌和维生素D，如果没有过敏的话，鸡蛋对宝宝来说是最重要的食物之一。

为什么喂铁剂时不能同时喂牛奶

由于母乳或牛奶中容易缺乏铁质，易造成宝宝缺铁性贫血，有些妈妈在宝宝4~5个月时就开始补铁，或是有意识地给宝宝增加含铁的食物，比如，蛋黄、肝泥等，或是干脆用医生开的铁剂，但有时为了方便喂食，妈妈会将含铁的食物或铁剂溶入牛奶中喂给宝宝，殊不知这样做不利于铁剂的吸收。因为牛奶中富含磷酸盐，会与食物或铁剂中的铁成分发生化学反应，使铁发生沉淀而不利于被宝宝吸收。

 您有一条芝宝贝来信：

铁质在酸性环境中容易被人体吸收，所以建议喂宝宝铁剂或含铁食物时，适当喂一些稀释的橙汁。

您有一条芝宝贝来信：

咖啡、奶类、植物纤维素等都会抑制铁的吸收。茶、菠菜含有鞣酸，易与铁形成难溶性的混合物，所以通常所说的吃菠菜补铁的观念是不科学的。

维持脑的正常发育。

促进和维持性机能。

🥄 主要来源

含锌量高的食物有牡蛎、蛏子、扇贝、海螺、海蚌、动物肝、禽肉、瘦肉、蛋黄、蘑菇、豆类、小麦芽、酵母、干酪、海带、坚果等。一般说来，动物性食物含锌量比植物性食物更多。

锌

🥄 营养解读

锌是人体生长发育、生殖遗传、免疫、内分泌等重要生理过程中必不可少的物质。母乳所含的锌的生物利用率比较高，牛奶喂养的宝宝应该尽早添加富含锌元素的辅食。另外，在断乳期辅食添加应充足，喂养要适当，以免引起宝宝缺锌。关于锌的摄入量，1～6个月的宝宝每天为3毫克，7～12个月的宝宝每天为8毫克。

🥄 缺乏表现

缺锌会导致宝宝味觉变差、厌食，智力减退，生长发育迟缓及性晚熟等，有的还有异食癖、皮肤色素沉着、发生皮炎等现象。此外，锌缺乏还会使宝宝免疫力降低，增加腹泻、肺炎等疾病的感染率。患有佝偻病和贫血的宝宝多有缺锌现象。

🥄 生理功能

参与酶的合成与激活。

加速生长发育。

维持正常食欲。

维持正常的免疫功能。

促进伤口愈合。

对维生素A的代谢及视力发育有重要作用。

营养素知识课堂

如何判断宝宝是否缺锌

一般说来，宝宝缺锌常有异食、厌食、生长缓慢等三方面表现。

▶ 异食

宝宝喜欢吃不能吃的东西，如泥上、火柴杆、煤渣、纸屑等。

▶ 厌食

胃口差，不想进食或进食量减少。

▶ 生长缓慢

体重、身高、头围等发育指标明显落后于同龄宝宝，显得矮小。

▶ 指标测试

到医院检测血液中的锌含量，如果低于正常水平，即可诊断为缺锌。

补锌需注意哪些问题

给宝宝补锌，无论是食补还是药补，为取得理想效果，以下几点必须注意。

▶ 注意补锌的季节性

夏季由于气温高，宝宝食欲差，进食量少，随之锌的摄入量必然减少，加上大量出汗所造成的锌流失，补锌量应当高于其他三季。

如缺锌较严重，可以服锌制剂。目前常用的锌制剂有酵母锌和葡萄糖酸锌，按锌元素每日每千克体重 1~2 毫克补充。真正缺锌的宝宝服用锌制剂需 3~6 个月，不会在服药后立即见效。但要注意，补锌不可过量，过量也有害。

▶ 谨防药物干扰

四环素可与锌结合成络合物，维生素 C 则与锌结合成不溶性复合物，类似药物还有青霉胺、叶酸等。补锌时应尽量避免使用这些干扰补锌效果的药物。

▶ 食品要精细

蔬菜、燕麦等粗纤维多，麸糖及谷物胚芽含植酸盐多，而粗纤维及植酸盐均可阻碍锌的吸收，所以补锌期间的食品更应当精细些，多食含锌食物。

▶ 莫忘同时补充钙与铁

由于钙、铁、锌有协同作用，因而在补锌的同时补充钙与铁两种矿物元素，可促进锌的吸收与利用。

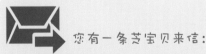 您有一条芝宝贝来信：

补锌过多可使宝宝体内维生素 C 和铁的含量减少，并且抑制铁的吸收和利用，从而引起缺铁性贫血。锌元素过多还会抑制吞噬细胞的活性，使免疫力下降。由此导致的体内锌、铜元素比值增大，还会影响胆固醇的代谢，使血脂增高。

铜

营养解读

铜是人体必需的微量矿物质，存在于红细胞内外，可帮助铁质传递蛋白，在血红素形成过程中扮演催化的重要角色。而且在食物烹饪过程中，铜元素不易被破坏掉。

生理功能

帮助铁质的吸收，帮助形成血红素，提高活力。

促使酪氨酸被利用，成为毛发和皮肤色素的要素。

主要来源

含铜丰富的食物有动物内脏、肉、鱼、螺、牡蛎、花生、葵花籽、芝麻、蘑菇、菠菜、香瓜、柿子、杏仁、白菜、红糖等。

缺乏表现

铜缺乏症主要见于6个月以上的宝宝，一般表现为缺铜性贫血，症状特征与缺铁性贫血相似，如肤色苍白、头晕、精神萎靡，严重时可引起视觉减退，反应迟钝，动作缓慢等。部分缺铜的宝宝还有食欲不振、腹泻、肝脾肿大等症状。

缺铜性贫血还会影响骨骼的生长发育，发生骨质疏松，甚至出现自发性骨折和佝偻病。

 您有一条芝宝贝来信：

母乳喂养的婴儿一般不需要特别补锌。

营养素知识课堂

铜有助于宝宝长高吗

据医学专家研究发现，超过同年龄平均身高的儿童，其铜的摄入量也高，而低于平均身高的儿童，铜的摄入量相对也低。一般来说，后者铜的摄入量要比前者少50%～60%。为什么会出现这种现象呢？原来，当体内的铜缺少时，酶在细胞里活性会降低，蛋白质代谢缓慢，结果阻碍和抑制了骨组织的生长。因此，要想宝宝身高发育正常，妈妈就要注意调配膳食，增强含铜食物的摄入。

如何防治宝宝缺铜

虽然硫酸铜价格低廉，但极易摄取过量而引起中毒，所以实际上很少使用。防止宝宝缺铜的最好方法是吃富含铜的食物。

● 含铜丰富的食物

一般来说，贝类食物（如牡蛎、赤贝等）以及坚果（如核桃、花生、榛子等）含铜最丰富；其次是动物的肝、谷类的胚芽以及豆类。蔬菜和母乳中含铜较少，牛奶含铜极微。

● 常吃动物性食物

慢性腹泻时容易缺铜，特别是用牛奶哺喂和母乳喂养后期的宝宝，更要注意防止铜的缺乏。只要常吃动物性食物，特别是海产品，基本上能从日常膳食中获得足够的铜。

您有一条芝宝贝来信：

就铜来讲，最怕与含锌较高的食品遭遇，如瘦肉、牡蛎等，如同时服用会使铜的吸收率减低。另外，也不宜与番茄、柑橘、鲜枣等富含维生素 C 的食物同吃，因为维生素 C 对食物中铜元素的析放量有抑制作用。最好将两类食物错开一段时间食用，以免相互干扰。

您有一条芝宝贝来信：

婴幼儿时期的宝宝每天需铜约 1 毫克，摄入不可过量，否则会出现中枢神经系统抑制状，如嗜睡、反应迟钝等，严重时会使宝宝智力低下。

碘

营养解读

碘是人体必需的微量元素，也有人称之为智力元素，国际医学界的检测结果显示，人类智力的损害中有 80% 是因为缺碘导致的。0 ～ 2 岁是脑细胞发育的关键时段，此时碘营养是否正常，直接影响到孩子一生的智力水平。

生理功能

人体内 80% 的碘存在于甲状腺中，碘的生理功能主要通过甲状腺激素表现出来，不仅对调节肌体物质代谢必不可缺，对肌体的生长发育也非常重要。

主要来源

含碘的食物有黄豆、红豆、绿豆、红枣、花生米、豆油、豆芽、豆腐干、百叶、菜油、鸭蛋等。海带、紫菜、海蜇、蛤蜊、虾皮、鱿鱼等海产品含碘尤为丰富。

🍽 缺乏表现

1岁以内的宝宝缺碘可引起克汀病，表现为智力低下，听力、语言和运动障碍，身材矮小，上半身比例大，有黏液性水肿，皮肤粗糙干燥，面容呆笨，两眼间距宽，鼻梁塌陷，舌头经常伸出口外。

营养素知识课堂

🍽 宝宝缺碘了怎么办

如果宝宝缺碘，除应适当食用一些富含碘的天然食品外，还可通过以下途径补充。

▶ 坚持母乳喂养

母乳喂养的婴幼儿尿碘水平高出其他方式喂养的1倍以上。母乳喂养时期只要供给母体足够的碘，宝宝就不会发生碘缺乏，哺乳期的妈妈每天至少要供给200微克碘，才能保证母婴两人的碘需要量，有效地预防碘缺乏对母婴的危害。

▶ 配方食品可补碘

从配方食品中给宝宝补碘也是安全、直接、有效的方式。宝宝吃下营养美味的食物（如婴幼儿营养米粉、高品位婴儿专用奶粉）的同时，也获取了足量的"碘"元素。

▶ 平时烹调宝宝食物坚持用合格碘盐

正确食用碘盐，就可以吸收足够的碘。食盐加碘是一种持续、方便、经济、生活化的补碘措施，但是不要误认为补碘就要多吃碘盐，小于1岁的宝宝每日给予1～1.5克碘盐就能满足需要。

您有一条芝宝贝来信：

除了日常饮食补碘外，千万不要给宝宝盲目使用药物补碘。如果怀疑宝宝缺碘，最好去医院检查，在医师的指导下补充碘制剂。

有关碘的供给量标准，国内尚无规定，美国的标准是1～6个月宝宝每日为40微克，7～12个月宝宝每日为50微克。宝宝对碘的摄入量并不是越多越好。

镁

营养解读

镁是人体生化代谢过程中必不可少的元素。婴幼儿的血中镁含量虽然很少，但对维护中枢神经系统的功能，抑制神经、肌肉的兴奋性，保障心肌正常收缩等都起着十分重要的作用。

生理功能

参与体内所有能量代谢，激活和催化300多个酶系统；包括葡萄糖的利用、脂肪、蛋白质和核酸合成等。

保持细胞内钾的稳定，维持心肌、神经、肌肉的正常功能。

保护骨骼健康。

主要来源

富含镁的食物有绿色蔬菜、水果、海带、紫菜、豆类、燕麦、玉米、坚果类、花生、芝麻、扁豆等。

缺乏表现

镁元素缺乏会使宝宝发生低镁惊厥症，症状与低钙惊厥相似。轻症仅表现为眼角、面肌或口角的搐动，一般不太会引起妈妈的注意。典型发作为四肢强直性抽搐；也有的是双眼凝视，伴阵发性屏气，或阵发性呼吸停止，伴下肢强直；还可能是一侧面肌及肌体抽动或者交替发生。发作期还会有肤色青紫、出汗、发热等症状。

营养素知识课堂

低镁惊厥与喂养方式有关吗

低镁惊厥与喂养方式有一定的关系，主要见于人工喂养的宝宝。这是因为母乳中磷和镁1.9∶1的比例合理，而牛奶中磷镁75∶1的比例会使宝宝产生高磷血症。血液中磷、钙、镁是相互影响的，磷的含量增高，钙和镁的含量就会降低。研究证实，血中镁含量降低，血钙含量也下降。临床资料也证实低镁症患儿中有2/3同时伴有低钙血症。

您有一条芝宝贝来信：

婴幼儿时期每天需要摄入镁30～100毫克。给宝宝添加辅食时应注意：精细食品在加工过程中会损失较多的镁；动物食品中含有丰富的磷及磷化物，会阻碍胃肠对镁的吸收；宝宝偏食，不爱吃绿叶蔬菜，也会导致镁元素摄入量不足。

锰

营养解读

锰元素是人体软骨生长中不可缺少的辅助因子，是人体内多种酶的组成成分，在细胞代谢中起重要作用，与人体健康关系十分密切。1岁以内的宝宝每天需锰0.5 ~ 1.5毫克。

生理功能

促进骨骼的生长发育。

保护细胞中腺粒体的完整。

保持正常的脑功能。

维持正常的糖代谢和脂肪代谢。

可改善肌体的造血功能。

主要来源

含锰丰富的食物有糙米、粗粮、鸡肝、牛肝、猪肾、鱼子、蟹肉、核桃、莴苣、花生、马铃薯、生姜、干菜豆、大豆、葵花籽、小麦、大麦等。

缺乏表现

锰元素缺乏对婴幼儿最大的危害是干扰大脑正常功能的发挥，使宝宝智力减退，容易患多动症，诱发癫痫等。同时，缺少锰元素还会使宝宝生长发育迟缓，骨骼出现畸形。

您有一条芝宝贝来信：

植物性食物虽含锰较多，但吸收率较低，所以，不能让宝宝养成偏食的习惯。

营养素知识课堂

为何豆奶不宜作为牛奶的替代品

近年来陆续有研究指出，豆奶作为牛奶的替代品的喂养方法实际上是给宝宝"添病"。

▶ 乳腺癌

吃豆奶长大的宝宝，会使成年后患甲状腺和生殖系统疾病的风险增大。因为，宝宝对大豆中高含量的植物雌激素

反应与成年人不同，摄入体内的植物雌激素只有 5% 能与雌激素受体结合，余下的便在体内积聚。这样，就可能使日后罹患乳腺癌的风险性增大 2～3 倍。

 多动症

豆奶和大豆代乳品中的锰含量高于母乳 50 倍，过量的锰元素将会影响 6 个月以下宝宝的脑发育，从而使日后患注意力缺陷、多动症的可能性增加。所以，最好是母乳喂养，如不得已，则应选择婴儿配方奶，尤其是 6 个月以下的宝宝更要注意。

您有一条芝宝贝来信：

锰元素摄入过量会导致中毒，早期表现为疲乏无力、头昏、头痛、失眠、步态不稳等，较重时会出现言语障碍、说话"口吃"、智力低下、情绪不稳定等。专家指出，一般通过食物摄入的锰都是安全的，但要防止宝宝在含锰化合物较多的环境中玩耍。

钾

🥄 营养解读

钾元素是人体细胞内最主要的阳离子，它的大部分生理功能都是在与钠的协同作用中发挥的，因此维持宝宝体内钾、钠离子的平衡，对生命活动有重要意义。无论是母乳还是牛奶中，都含有丰富的钾，宝宝的吸收率可达 90% 以上，因此，不易产生钾缺乏症。

😋 生理功能

调节细胞内适宜的渗透压和体液的酸碱平衡。

参与细胞内糖和蛋白质的代谢。

有助于维持神经系统健康、心跳规律、协助肌肉正常收缩。

🥄 主要来源

钾广泛分布于食物中，肉类、家禽、鱼类、各种水果和蔬菜类都是钾的良好来源，糖浆、马铃薯粉、海藻、大豆粉、香料、葵花籽、麦麸和牛肉等含钾都比较丰富。

🥄 缺乏表现

宝宝体内钾缺乏可引起心跳不规律

和心跳加速、心电图异常、肌肉衰弱和烦躁，严重的将导致心跳停止。其实，宝宝很少因为膳食的原因引起钾的缺乏，而多是由于腹泻、呕吐以及服用利尿药而致。

营养素知识课堂

什么时候宝宝需要补钾

夏日出汗多宝宝需补钾，这是因为夏季炎热，空气中湿度较大，比较闷热，宝宝活动量一多便会出大量的汗。如果出汗后的宝宝出现了四肢无力、疲惫嗜睡等症状，就表明宝宝出现了钾流失，这时候就应该给宝宝适量补充钾了。

您有一条芝宝贝来信：

婴幼儿钾的日供给量为 500～1000 毫克。人体中多余的钾需要通过肾脏代谢，婴幼儿时期宝宝的肾脏功能比较弱，应该避免一次性过量食用富含钾的食物，否则会加重肾脏负担。

硒

营养解读

硒是维持人体正常生理功能的重要微量元素。有专家研究微量元素与宝宝智力发育的关系时发现，先天愚型患儿血浆硒浓度较正常值偏低。婴幼儿每日硒的必需摄入量为 10～20 微克，母乳中硒的含量基本可以满足宝宝生长发育的需要，而牛奶中硒含量仅为母乳的 5%，所以牛奶喂养的宝宝容易缺硒。

生理功能

有保护、稳定细胞膜的作用。
对汞、镉、铅等重金属具有解毒作用。
有保护心血管和心肌健康的作用。
有助于宝宝的视力的发育和提高。

主要来源

硒含量高的动物食品有猪肾、鱼、小海虾、对虾、海蜇皮、驴肉、羊肉、鸭蛋黄、鹌鹑蛋、鸡蛋黄、牛肉；硒含量高的植物食品有松蘑（干）、红蘑、茴香、芝麻、大杏仁、枸杞子、花生、黄花菜、豇豆。

缺乏表现

宝宝缺硒易患假白化病，表现为牙床无色，皮肤、头发无色素沉着以及贫血。

营养素知识课堂

哪些地区的宝宝容易缺硒

我国是个缺硒大国。我国 22 个省区中，72% 的地区属于国际公认的缺硒地区，其中黑龙江、吉林、山东、江苏、福建、四川、云南、青海、西藏等省份均存在严重缺硒区。土壤缺硒，导致食物、家畜及水源硒含量不足，再加上人为因素造成的硒成分破坏，使缺硒对我国人民的身体健康造成极大的威胁。生活在上述地区的妈妈应当密切关注自己的宝宝是不是缺硒。

您有一条未读提醒：

硒元素过量会干扰体内的甲基反应，导致维生素 B_{12}、叶酸和铁代谢紊乱，如果不及时治疗对宝宝智力发育有不良影响。增加饮食中蛋白质和维生素的摄入量，多给宝宝吃些牛奶、大豆、蛋、鱼等食品。

PART 10

给宝宝添加辅食
遇到了难题吗
答案都在这里

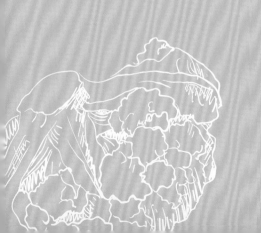

和周忠蜀医生谈辅食

Q 在给宝宝添加辅食的过程中，总会遇到各种各样的问题，而一些常见问题也让我非常疑惑，这能解决一下吗？

A 在添加辅食过程中遇到一些问题是正常的，宝妈不要怕。本部分就汇总了宝宝添加辅食过程中非常容易让妈妈迷惑的问题，我们一起来看一下吧。

说了这么多关于给宝宝添加辅食的事项，妈妈们是不是还有很多疑问呢？其实自宝宝出生后，妈妈们都是全身心地投入在宝宝的身上，尤其到了辅食添加阶段，什么时候该开始添加辅食？第一步该怎么做？该怎么选择宝宝的辅食？这些问题都是妈妈们想要问的。我们广泛搜集了妈妈们的提问，在此就辅食添加中的常见问题作出解答。

宝宝到底应该什么时候开始添加辅食呢

宝宝添加辅食的具体时间一直是萦绕在爸爸妈妈心头的难题。其实，每个宝宝的情况不一样，很难确定到哪一天就该要添加辅食，人工喂养的宝宝和母乳喂养的宝宝，以及混合喂养的宝宝开始添加辅食的时间都是有区别的。

▶ 母乳喂养

国际母乳喂养协会曾明确表示，母乳是宝宝最完美的食物，在6个月之后再添加辅食的宝宝是最健康的，也就是说宝宝在5~6个月就可以开始添加辅食了。当然，纯母乳喂养的宝宝在4个月的时候，也可以适当添加一些辅食。

▶ 人工喂养

如果宝宝是人工喂养的，那么在4个月的时候就可以开始添加辅食了，

因为随着宝宝逐渐长大，4个月后，母乳或配方奶已经不能完全满足宝宝对营养的需求了，这时，爸爸妈妈就要考虑给宝宝添加辅食，以满足宝宝成长所需的营养了。

▶ 混合喂养

混合喂养的宝宝在添加辅食的时候和人工喂养的宝宝一样，在4个月的时候就可以考虑给宝宝添加辅食了，因为母乳和配方奶已经不能满足宝宝成长的营养需求了。

您有一条未读提醒：

辅食的添加是根据宝宝的成长情况来进行的，不能急于一时，也不能放任不管，爸爸妈妈要及时观察宝宝成长动态，合理添加辅食，帮助宝宝健康成长。

▶ 宝宝吃辅食过敏怎么办

宝宝开始添加辅食了，妈妈常常会有一些担心，过敏就是其中最让妈妈忧心的事。那么宝宝过敏到底是怎么回事呢？发生过敏又该怎么解决呢？

▶ 为什么会过敏

导致宝宝过敏的主要原因分为食物性过敏和接触物品过敏两大类。

宝宝因为消化器官尚未成熟，对蛋白质分解能力差，对一些食物会有过敏现象，例如，牛奶、鸡蛋、鱼虾等水产品，花生等坚果类食物，豆类及豆制品，芒果、猕猴桃等水果。

有的宝宝对动物毛皮、花粉、化学制剂、金属制品也会过敏。

另外，过敏体质还具有遗传倾向，如果家族中有过敏体质的长辈，宝宝是过敏体质的概率也高，这一点需要妈妈多多注意。

▶ 宝宝出现过敏现象的时间

宝宝食物过敏的高发期一般在出生后 12 个月以内，特别是刚开始添加辅食的 4 ~ 6 个月的宝宝，最容易出现过敏现象，爸爸妈妈们要保持警惕。

▶ 食物过敏的主要表现

食物过敏主要表现为在进食某种食物后皮肤、胃肠道和呼吸系统出现异常症状。其中皮肤反应是食物过敏最常见的临床表现，如湿疹、丘疹、斑丘疹、荨麻疹等，甚至发生血管神经性水肿，严重的可以发生过敏性剥脱性皮炎。

如果宝宝患有严重的湿疹，经久不愈，或在吃某种食物后明显加重，都应该怀疑是否为该食物引起了过敏。食物过敏时还经常会有胃肠道不适的表现，如恶心、呕吐、腹泻、肠绞痛、大便出血等。此外，还可能有呼吸系统症状，如鼻充血、打喷嚏、流鼻涕、气急、哮喘等。

▶ 怎样给易过敏的宝宝添加辅食

一般来讲，人体对食物的过敏反应会受到很多因素的影响，而且具有一定的"时效性"。也就是说，一些宝宝会过敏的食物，不一定就不能吃，而是要注意以下几点。

可以找其他食物替换，注意要选择那些营价值高，过敏反应程度低的食物。

宝宝开始添加辅食后，要一种一种地添加，计量由少到多，慢慢增加喂食量及次数，观察3~5天后，若没有出现任何不良反应，才可以继续添加其他种类的辅食。

给宝宝的辅食，必须是单一品种，如以前对牛奶过敏，那么过一段时间后，就暂时只喝牛奶，而不要吃巧克力味、草莓味等其他配方奶，这样才会使过敏的机会减少。

辅食品的品种中，尤其是鱼、肉、虾、牛奶、鸡蛋等不宜过早给宝宝食用。如果宝宝是易过敏体质，那么一般在3岁之前应避免摄入鱼、虾、蟹等以及含有食品添加剂的食物和冷饮品。

您有一条未读提醒：

确认致敏食物必须谨慎，如果武断地将某类食物完全从宝宝膳食中去除（如把鱼类全部去除），则可能导致宝宝营养不良。

蛋黄要怎么吃才健康

蛋黄中含有非常丰富的铁、卵磷脂等微量元素，非常适合宝宝食用。因此，很多妈妈会在为宝宝添加辅食的时候选

择添加蛋黄，但是，也有妈妈会问，不是说吃蛋黄会导致宝宝过敏吗？那到底怎么给宝宝添加蛋黄？什么时候可以给宝宝添加蛋黄？以及添加蛋黄应该注意些什么呢？

▶ 什么时候可以吃蛋黄

其实具体什么时候开始吃蛋黄要根据宝宝的自身情况而定，有的宝宝消化系统好些，有的差些。一般情况下，吃奶粉的宝宝3个半月以后就可以加少量蛋黄泥，母乳喂养的宝宝4个多月即可添加蛋黄。切忌不要添加过早，以免影响宝宝的消化功能。

▶ 怎么添加蛋黄

开始添加蛋黄的时候，要遵循由少到多，循序渐进的规律。先从1/8开始喂食，蛋黄和水的比例是1：4。开始喂蛋黄后，要密切关注宝宝身上有无过敏现象，大便是否正常等。一般观察3~4天，如果没有问题，之后可以逐步增加1/6、1/4、1/2到整个蛋黄。

一定要遵循从少到多、从稀到稠的规律。建议先加蔬菜汁、水果汁、米粉或米汤等辅食之后再加蛋黄。

▶ 吃蛋黄不要加牛奶

有的妈妈给宝宝吃蛋黄时喜欢用母乳和奶粉调制，认为这样营养更丰富，其实这种做法是错误的。因为蛋黄加入配方奶或母乳中研磨，会破坏蛋黄及牛奶中各种营养素的科学配比，不利于宝宝最大程度地吸收蛋黄或奶粉中的营养素，特别是铁的吸收。

▶ 注意，蛋黄不可当做第一个辅食

因为蛋黄容易引起宝宝过敏，所以最开始添加辅食的时候，一定要加最不容易引起宝宝过敏的纯米粉，而不要添加蛋黄、蔬菜之类的米粉。待添加一段时间的纯米粉之后，再逐渐加蛋黄给宝宝吃。

▦ 米粉、米糊分不清楚

▶ 关于米粉

婴儿米粉是以大米为主要原料，并以白砂糖、蔬菜、水果、蛋类、肉类等选择性配料，加入钙、磷、铁等矿物质和维生素等加工制成的宝宝的补充食品。婴儿米粉一般在商场有售，吃的时候直接冲泡就可以了。也可以在家自己做，自己做的米粉更加安全，妈妈也更放心。等到宝宝大一点可以往里面添加菠菜汁、猪肝泥、蛋黄泥，这样营养更加全面。

▶ 什么时候吃米粉

在宝宝出生后的前3个月中，宝宝唾液腺非常少，唾液腺中所含的淀粉酶和消化道里的淀粉酶也很少，该阶段不适合给宝宝吃米粉或其他辅食。

当宝宝到4~5个月，宝宝发育逐渐完善，这时可给宝宝少量添加米粉，添

 您有一条未读提醒：

宝宝食用蛋黄，可以补充奶类中铁的匮乏，这对于只吃奶的宝宝来说，是非常必需的。

加量要由少到多，逐渐添加。但是，妈妈们需要注意的是，添加婴儿米粉的同时，母乳或配方奶喂养还应继续喂食，不可立即停止。

您有一条未读提醒：
　　牛奶与米粉不能一起食用，牛奶中含有酪蛋白，一起食用会降低宝宝对米粉中蛋白质的吸收率。长期把米粉调在奶粉里吮吸，也不利于宝宝吞咽功能的训练，对日后进食会形成障碍。

▶ 关于米糊
　　米糊是由各种谷物经机械粉碎和水煮糊化后的黏稠的半固态食物，米糊制作原料丰富，有各类米、杂粮和薯类。米糊可迅速为人体所吸收，并促进食欲，是宝宝开始吃辅食的佳品。但是制作米糊时，谷物量的控制不当容易出现夹生的情况。

▶ 米糊的原料有哪些
　　主要是米类；有大米、黑米、紫米等，也可以加入杂粮，如小米、玉米、高粱、小麦、大麦、燕麦、荞麦、红麦等。

宝宝刚添加辅食，先吃米粉还是米糊

　　宝宝刚开始添加辅食，自己家里做的米糊口感不够细腻，这对刚添加辅食的宝宝来说，可能会很不习惯。相对来讲，米粉比米糊更加细腻润滑，宝宝接受度更好些。而且口感方面也不错，操作起来也更方便。

您有一条未读提醒：
　　关于宝宝到底要吃米粉还是米糊，具体还是要根据宝宝的情况来确定。有的宝宝不喜欢吃甜食，那么就要让宝宝尝试米糊；有的宝宝肠胃弱，就要考虑让宝宝先吃米粉。

胖宝宝的烦恼

　　通常人们会认为，宝宝胖乎乎、肉嘟嘟的样子是健康快乐的象征，而父母也希望自己的宝宝白白胖胖的。但是，随着人们对健康认知水平的提高，肥胖所引起各种疾病也引起父母对宝宝肥胖的关注。那么，胖胖的宝宝真的是健康的吗，怎样防止宝宝过度肥胖？

过度肥胖不可取

有关研究表明，很多胖宝宝有缺乏微量元素的情况，而且婴儿期体重增加过快可能引起 I 型糖尿病、高血压、心血管疾病等代谢性疾病的发病率升高。所以，宝宝过度肥胖，会直接影响宝宝的身体健康，妈妈们一定要正视这个问题。

宝宝肥胖的原因

遗传引起。具有肥胖遗传基因的宝宝容易发生肥胖。爸爸妈妈都是肥胖者的话，那宝宝发生肥胖的概率可以达到 80% 以上；如果父母中有一人是肥胖者，那宝宝发生肥胖的概率也高达 50%；如果父母中没有肥胖者，那宝宝发生肥胖的可能性在 10% 左右。

非母乳喂养。据悉，非母乳喂养的婴幼儿出现肥胖的比例是 24.6%。母乳喂养少于 3 个月的，出现肥胖的比例为 27%，母乳喂养 3~5 个月肥胖发生的比例为 22.5%，而超过 6 个月，肥胖发生的比例为 20.1%。

奶量过多。许多妈妈不管宝宝是否吃饱，一哭就给奶吃；还有喝奶粉的宝宝一定要将瓶中的奶喂完等，都加重了宝宝的脂肪储存，容易导致宝宝过度肥胖。

加糖过多。不少妈妈在给宝宝吃的奶中、喝的水里面加糖过多，以为宝宝喜欢吃有甜味的东西，如果糖分超过正常比例（每 100 毫升放糖 6~8 克），长此以往就会导致宝宝肥胖。

添加淀粉类辅食过早。据美国疾控中心研究发现，在宝宝 6 个月之前喂食淀粉类辅食，会增加其日后患肥胖症的危险。有些父母在宝宝 2~3 个月时就开始喂米粉、面条或稀饭，导致了宝宝的过度肥胖。而婴幼儿时期宝宝过于肥胖，将来成人后肥胖的可能性也会相应增加。

判断宝宝是否肥胖有标准

1周岁以内婴儿肥胖标准是指体重大于同年龄、同性别婴儿平均体重的20%。不同年龄阶段的正常体重，可按以下公式粗略估计体重：

0~6个月婴儿体重＝出生时体重（千克）＋月龄×0.7

7~12个月婴儿体重＝6＋月龄×0.25

合理添加辅食，养出健康宝宝

根据宝宝的具体情况合理添加辅食

开始添加辅食后，可根据体格发育情况，在正常范围内让宝宝顺其自然选择进食的多少，不必按固定模式喂养。

▶ 减少糖、脂肪的摄取量

糖和脂肪为人体热量的主要来源，所以给宝宝喂高热量食物时要有所控制，减少油、脂肪、糖等的摄入，少吃油炸类食物。

▶ 供给足够的蛋白质

蛋白质是宝宝生长发育不可缺少的营养物质之一，以1~2克/体重（千克）为适量，可选择瘦肉、鱼、虾、豆制品等作为补充蛋白质的来源，但是不可过量补充。

▶ 矿物质不可少

矿物质是人体的重要组成部分，但是它不能在体内合成，只能从食物中摄取。瘦肉、菠菜、蛋黄、动物肝脏中含丰富的钙、铁、锌、碘等直接影响宝宝的生长发育的矿物质，所以饮食中要注意补充。

▶ 维生素要适量

维生素是维持人体健康所必需的营养素之一，供给不足或过量都会产生疾病。维生素一般不能在体内合成，主要是从食物中摄取，动物肝脏、奶类、蛋类、菠菜、胡萝卜、苋菜、甘薯、橘、杏、柿、芹菜、韭菜等富含维生素A；鱼肝油、蛋黄、牛奶、肝含丰富的维生素D；酸枣、山楂、柑橘、柚、草莓等富含维生素C等。

 您有一条未读提醒：

辅食添加的阶段为宝宝肥胖的敏感期。这一时期往往容易过度喂养，导致宝宝肥胖。

图书在版编目（CIP）数据

增强版婴儿全程辅食添加方案 / 周忠蜀著. －－ 北京：
中国人口出版社，2017.4
ISBN 978-7-5101-4919-1

Ⅰ．①增… Ⅱ．①周… Ⅲ．①婴幼儿－食谱 Ⅳ.
①TS972.162

中国版本图书馆CIP数据核字(2016)第309954号

增强版婴儿全程辅食添加方案

周忠蜀　著

出 版 发 行	中国人口出版社	
印　　　刷	北京东方宝隆印刷有限公司	
开　　　本	787×1092　1 / 16	
印　　　张	15	
字　　　数	180千字	
版　　　次	2017年4月第1版	
印　　　次	2017年4月第1次印刷	
书　　　号	ISBN 978-7-5101-4919-1	
定　　　价	49.80元	

社　　　长	邱　立
网　　　址	www.rkcbs.net
电 子 信 箱	rkcbs@126.com
总编室电话	(010)83519392
发行部电话	(010)83514662
传　　　真	(010)83519401
地　　　址	北京市西城区广安门南街 80 号中加大厦
邮　　　编	100054